全国硕士研究生入学考试辅导用书(土木工程类)

结构力学精讲及真题详解
(第二版)

石志飞　主编

中国建筑工业出版社

图书在版编目(CIP)数据

结构力学精讲及真题详解/石志飞主编. —2版. —北京：中国建筑工业出版社，2014.6
全国硕士研究生入学考试辅导用书（土木工程类）
ISBN 978-7-112-16888-0

Ⅰ.①结… Ⅱ.①石… Ⅲ.①结构力学—研究生—入学考试—自学参考资料 Ⅳ.①O342

中国版本图书馆 CIP 数据核字(2014)第 103319 号

全国硕士研究生入学考试辅导用书（土木工程类）
结构力学精讲及真题详解（第二版）
石志飞　主编
*
中国建筑工业出版社出版、发行(北京西郊百万庄)
各地新华书店、建筑书店经销
北京天成排版公司制版
北京市密东印刷有限公司印刷
*
开本：787×1092 毫米　1/16　印张：13　字数：317 千字
2014 年 8 月第二版　2019 年 12 月第十二次印刷
定价：36.00 元
ISBN 978-7-112-16888-0
(25672)

版权所有　翻印必究
如有印装质量问题，可寄本社退换
(邮政编码　100037)

复习考研是一个相对艰辛的过程，目前土木工程专业尚没有统一的专业课考试大纲，考生的复习资料因此五花八门。资料太多则往往系统性不足，不能做到有的放矢，甚至浪费了大量宝贵的备考时间；资料少又起不到复习的效果，缺乏做题的训练，导致考试的时候紧张丢分。因此，选择好复习资料是备考成功的关键之一。

为了帮助广大考生有效地应对专业课的复习，并在专业课考试中取得好的成绩，本书在对结构力学各知识点进行系统讲解的基础上，精选了清华大学、北京交通大学、哈尔滨工业大学、大连理工大学、同济大学、浙江大学、华中科技大学、华南理工大学、河海大学、西南交通大学等多所高校历年来土木工程专业研究生入学考试中结构力学科目的大量真题，结合相应的知识点，对真题进行详细讲解及点评。

全书共分为八章，包括平面体系的几何组成分析、静定结构内力分析及综合、静定结构位移计算、力法、位移法、力矩分配法、影响线和结构动力计算。在全书的最后为读者提供两套模拟试卷(附答案)。

对于参加全国硕士研究生入学考试(土木工程类)的考生而言，本书是一本实用的考前辅导用书。同时，也可作为土木工程类大专院校学生学习结构力学的参考书。

责任编辑：刘婷婷
责任校对：陈晶晶　党　蕾

本书编委会

主　　编：石志飞
参加编写：邢佶慧　向宏军　于桂兰
　　　　　徐艳秋　杨丽辉　贾　影

前　　言

结构力学是一门非常有趣的课程，同时也是让不少初学者和准备复习考研的学生感到头疼的课程。其原因在于虽然结构的种类和荷载的种类只有那么几种，但结构的具体形式及荷载的位置却是变化多端。比如，结构中一根杆件位置的改变或一个结点形式的改变，就足以引起整个结构类型的改变，足以引起结构内力的重分布。

然而，尽管结构力学课程的题目千变万化，但总是有规律可循的，这就是结构的平衡。因此，如何去理解结构的平衡（包括整体平衡和局部平衡），如何去寻求这些平衡并正确绘出结构的内力图，进而能正确求解静定结构的位移，是能否学好结构力学课程的关键。遗憾的是，在学习结构力学之初，静定结构的内力分析部分给同学们带来了似曾相识的错觉，因而未能引起重视，等到后面学习超静定结构时，静定部分的欠账就体现出来了，而此时同学们又错误地认为是超静定部分未学好，把大部分精力放在学习求解超静定结构上面，这就进入了学习结构力学的误区。正确的认识是，无论是初学者，还是准备考研的同学，给予静定结构的内力分析以及位移计算这两部分内容足够的重视，是非常必要的。

平衡的重要性不仅体现在结构力学课程中，还体现在我们生活的各个方面。小孩学会了保持平衡才能学会走路；身体中的电解质失去平衡人就要生病；生态失去平衡就会发生自然灾害；人的心态失去平衡轻者日子会过得不开心，重者则会犯错误甚至犯罪；我们目前努力建设的和谐社会，也是平衡发展的理念！平衡并不意味着就是死水一潭，死气沉沉。加速运动的物体，飞速发展的社会，当计及惯性力时岂不又可找到平衡？！上述浅薄之见，望能起到抛砖引玉作用。

参加本书编写工作的有邢佶慧副教授（第1章）、向宏军副教授（第2章）、石志飞教授（第3章）、于桂兰教授（第4章）、徐艳秋副教授（第5、6章）、杨丽辉博士（第7章）、贾影教授（第8章），全书由石志飞教授统稿。

感谢那些在本书编写过程中为我们提供各种资料的各位老师、同学和朋友们，是你们的大力帮助本书才能最终成稿；感谢中国建筑工业出版社刘婷婷编辑，正是她的提议和鼓励，为我们完成本书提供了动力，也感谢她在本书出版过程中所倾注的大量心血。

限于编者水平，书中不妥甚至错误之处，恳请批评指正。

石志飞

目 录

前言
第1章 平面体系的几何组成分析 ... 1
1.1 基本内容 ... 1
1.1.1 基本概念 ... 1
1.1.2 几何不变体系的基本组成规则 ... 2
1.1.3 几何构造与静定性的关系 ... 2
1.1.4 零载法 ... 2
1.2 要点与注意事项 ... 2
1.3 真题解析 ... 3

第2章 静定结构内力分析及综合 ... 13
2.1 基本内容 ... 13
2.2 要点与注意事项 ... 13
2.2.1 静定结构的一般性质 ... 13
2.2.2 隔离体的选取与几何构造 ... 14
2.2.3 荷载与内力（深刻理解平衡） ... 14
2.2.4 对称性的利用 ... 15
2.2.5 叠加原理 ... 16
2.2.6 快速画弯矩图 ... 16
2.2.7 结构力学反问题与变形曲线 ... 18
2.2.8 各类结构的特殊分析方法 ... 18
2.3 真题解析 ... 22

第3章 静定结构位移计算 ... 45
3.1 基本内容 ... 45
3.2 要点与注意事项 ... 45
3.2.1 深刻理解静定结构位移计算一般公式的物理意义 ... 45
3.2.2 荷载作用下位移计算的一般公式及其简化 ... 46
3.2.3 图乘法 ... 47
3.2.4 静定结构支座移动引起的位移计算 ... 48
3.2.5 静定结构温度改变引起的位移计算 ... 49
3.2.6 线弹性结构的互等定理 ... 50
3.3 真题解析 ... 50

第4章 力法 ... 70
4.1 基本内容 ... 70
4.1.1 结构超静定次数判定 ... 70

4.1.2　力法的基本原理 ·· 70
　　4.1.3　力法方程及其物理意义 ··· 70
　　4.1.4　用力法计算超静定结构的计算步骤 ·· 70
　　4.1.5　超静定结构的位移计算 ··· 71
　　4.1.6　对称性的利用 ·· 71
4.2　要点与注意事项 ··· 71
4.3　真题解析 ··· 71
　　4.3.1　荷载作用 ··· 71
　　4.3.2　支座位移及弹性支承 ·· 74
　　4.3.3　温度变化及制造误差 ·· 81
　　4.3.4　对称性 ·· 83
　　4.3.5　综合 ··· 93

第 5 章　位移法 ·· 101
5.1　基本内容 ·· 101
　　5.1.1　位移法基本未知量和基本结构 ·· 101
　　5.1.2　位移法的基本思路 ··· 101
　　5.1.3　位移法典型方程 ·· 102
　　5.1.4　位移法的计算步骤 ··· 102
5.2　要点与注意事项 ·· 102
　　5.2.1　本章要点 ·· 102
　　5.2.2　注意事项 ·· 103
5.3　真题解析 ·· 103

第 6 章　力矩分配法 ·· 132
6.1　基本内容 ·· 132
　　6.1.1　基本概念 ·· 132
　　6.1.2　解题思路 ·· 133
　　6.1.3　力矩分配法的典型问题 ··· 133
6.2　要点与注意事项 ·· 133
　　6.2.1　本章要点 ·· 133
　　6.2.2　注意事项 ·· 134
6.3　真题解析 ·· 134

第 7 章　影响线 ·· 144
7.1　基本内容 ·· 144
　　7.1.1　影响线概念 ··· 144
　　7.1.2　绘制影响线的方法 ··· 144
　　7.1.3　用机动法作连续梁的影响线 ·· 144
　　7.1.4　影响线的应用 ·· 144
7.2　要点与注意事项 ·· 145
　　7.2.1　影响线与内力图的区别 ··· 145

7.2.2 正负号规定 ……………………………………………………………… 145
7.2.3 静力法绘制影响线 ……………………………………………………… 145
7.2.4 机动法作影响线注意事项 ……………………………………………… 145
7.2.5 用机动法作连续梁影响线的要点 ……………………………………… 146
7.2.6 影响线的应用要点 ……………………………………………………… 146
7.3 真题解析 …………………………………………………………………… 148

第8章 结构动力计算 ……………………………………………………… 165
8.1 基本内容 …………………………………………………………………… 165
8.2 要点与注意事项 …………………………………………………………… 165
　　8.2.1 本章要点 ……………………………………………………………… 165
　　8.2.2 注意事项 ……………………………………………………………… 165
8.3 真题解析 …………………………………………………………………… 166

模拟试卷(一) ………………………………………………………………………… 185
模拟试卷(一)参考答案 ……………………………………………………………… 188
模拟试卷(二) ………………………………………………………………………… 191
模拟试卷(二)参考答案 ……………………………………………………………… 194

参考文献 ……………………………………………………………………………… 197

第 1 章　平面体系的几何组成分析

1.1　基本内容

1.1.1　基本概念

1. 几何不变体系

若不考虑材料变形，几何形状和位置均能保持不变的体系。

2. 几何可变体系

即使不考虑材料变形，在很小的荷载作用下，也会发生机械运动而不能保持原有几何形状和位置的体系。

3. 瞬变体系

原可发生形状或位置的改变，但经微小位移后即转化为几何不变的体系。

4. 刚片

平面杆件体系中的几何不变的部分，也可以是一根杆件或大地等。

5. 虚铰

连接两个刚片的两根链杆的作用相当于在其交点处的一个单铰，不过铰的位置随着链杆的转动而改变，这种铰称为虚铰。

6. 自由度

物体运动时可以独立变化的几何参数的数目，也即确定物体位置所需的独立坐标数目。

7. 约束

减少自由度的装置，称为联系或约束。

8. 必要约束

能改变体系自由度的约束，也即使体系成为几何不变而必需的约束。

9. 多余约束

不能减少体系自由度的约束。

10. 计算自由度

并非体系的真实自由度，而是体系的自由度数目减约束数目。计算公式如下：

$$W = 3m - (2h + r) \tag{1.1-1}$$

式中　W——计算自由度；

　　　m——刚片数；

　　　h——单铰数，连接 n 个杆件的复铰相当于 $(n-1)$ 个单铰；

　　　r——支座链杆数。

对于铰接链杆体系，还可用如下公式计算：
$$W=2j-(b+r) \tag{1.1-2}$$
式中　j——结点数；
　　　b——杆件数。

1.1.2　几何不变体系的基本组成规则

1. 三刚片规则

三个刚片用不在同一直线上的三个单铰两两铰连，组成的体系是几何不变的。

2. 两刚片规则

两个刚片用一个铰和一根不通过此铰的链杆相连，为几何不变体系；或者两个刚片用三根不全平行也不交于同一点的链杆相连，为几何不变体系。

3. 二元体规则

在一个体系上增加或拆除二元体，不会改变原有体系的几何构造性质。

1.1.3　几何构造与静定性的关系

所谓体系的静定性，是指体系在任意荷载作用下的全部反力和内力是否可以根据静力平衡条件确定。静定结构的几何构造特征是几何不变且无多余约束，而有多余约束的几何不变体系则是超静定结构。

1.1.4　零载法

1. 基本原理

对计算自由度 $W=0$ 的体系，如果是几何不变的，则当外荷载为零时，它的全部内力都为零；反之，如果是几何可变的，则当外荷载为零时，它的某些内力可以不为零。

2. 解题步骤

先假设某反力或内力为 $X\neq0$，求解各杆的内力与 X 的关系，若能根据平衡条件求出 $X=0$，则体系是几何不变的，否则为几何可变。

3. 零载法的适用条件

零载法只适用于计算自由度 $W=0$ 的体系，且只能区别体系是几何不变与可变，无法区分体系为常变还是瞬变。

1.2　要点与注意事项

几何不变体系的基本组成规则中仅规定了体系成为几何不变体系所需要的最少约束，如果刚片之间的约束数目少于基本组成规则中的要求，则体系缺少必要约束，必为几何可变体系。反之，如果刚片之间的约束数目不少于基本组成规则中的要求，则需要根据体系的布置判断几何构造是否可变，是否存在多余约束。

这一章是结构力学中趣味性较强的内容之一，作题时需要灵活运用三大组成规则，尤其要注意如下几点：

（1）体系有二元体时，可先去掉二元体；若体系与基础有三根链杆相连，通常可先去掉基础，之后再找刚片及刚片之间的联系。

(2) 刚片无所谓形状，可用杆件或简单刚片对复杂刚片作替代。

(3) 虚铰的应用，尤其是无穷远处虚铰的应用，要注意体系是否为瞬变体系。

(4) 当体系和大地之间的联系超过3个时，往往需要把大地看作一个刚片，通过"顺藤摸瓜"的思想找出其他的刚片和刚片之间的联系。

(5) 切勿重复或遗漏使用约束。

1.3 真题解析

【例 1-1】 填空题

(1) 体系在荷载作用下，若不考虑_____，能保持几何形状和位置不变者，称为几何不变体系。(3分，哈尔滨工业大学，2005)

(2) 在平面杆件体系中，连接_____为单铰，_____为复铰。(6分，哈尔滨工业大学，2007)

(3) 三刚片用三个铰两两相连，其中一个铰为无限远虚铰，当_____时，构成几何不变体系。(5分，哈尔滨工业大学，2011)

(4) 若在瞬变体系上增加一个约束构成新体系，新体系是_____体系或是_____体系。(5分，哈尔滨工业大学，2012)

(5) 两刚片用两根链杆相连，两根链杆的延长线相交时刚片间会发生的运动为_____；两根链杆平行时会发生的运动为_____。(5分，哈尔滨工业大学，2012)

(6) 虚铰是指连接_____刚片的_____，其作用相当于_____。(5分，哈尔滨工业大学，2013)

参考答案：(1) 材料变形。(2) 两个刚片的铰；两个以上刚片的铰。(3) 组成无穷远虚铰之两平行链杆与另二铰连线不平行。(4) 几何不变；几何瞬变。(5) 转动；平动。(6) 两个；两根链杆；交点处的单铰。

【例 1-2】 是非题

(1) 几何可变体系不会有多余联系存在。(2分，东南大学，2002)

(2) 瞬变体系中一定有多余的约束存在。(3分，东南大学，2003)

(3) 三个刚片用不在同一条直线上的三个虚铰两两相连，则组成的体系是无多余约束的几何不变体系。(4分，北京交通大学，1999)

参考答案：(1)错误；(2)错误；(3)正确。

【例 1-3】 试分析图 1.3-1 所示体系的几何组成。(4分，清华大学，2004；5分，哈尔滨工业大学，2010)

解析：A 支座链杆与 AB 杆构成二元体，可去除；同理，F 支座链杆与 EF 杆构成二元体，可去除；再依次去除二元体 C—B—D 和 C—E—D，仅剩余 C、D 两处的支座链杆。因此，原体系为可变体系。

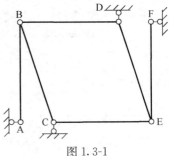

图 1.3-1

【例1-4】 分析图1.3-2(a)所示体系的几何组成。(5分,哈尔滨工业大学,2006)

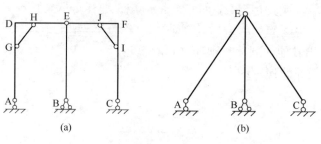

图1.3-2

解析: GH和IJ为多余约束。如图1.3-2(b)所示,可以把A—D—E—G—H和C—F—E—I—J两个刚片分别用两根杆件代替,则通过去除二元体,体系可简化为仅剩EB杆及固定铰支座,因此该体系为几何可变体系。

【例1-5】 图1.3-3(a)所示体系的几何组成是:_____。(5分,河海大学,2007)
A. 无多余约束的几何不变体系　　B. 几何可变体系
C. 有多余约束的几何不变体系　　D. 瞬变体系

解析: 鉴于刚片的形状可以任意替换,图1.3-3(a)体系可替换为图1.3-3(b)所示体系,通过依次删减C支座链杆与CE、D支座链杆与DE组成的二元体和A—E—B二元体,可知原体系为无多余约束的几何不变体系,答案为A。

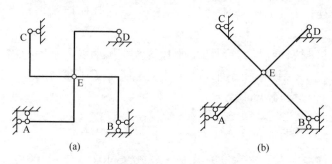

图1.3-3

【例1-6】 请对图1.3-4(a)所示体系进行几何构造分析。(10分,华中科技大学,2004)

解析: 体系与大地仅通过一个固定铰支座A和一个不过该铰的支座链杆B相连,因此,可以先去除大地,仅考虑上部体系的几何构造特性。K—D—F和J—B—L为二元体,亦可去除,则体系可简化为图1.3-4(b)中的杆件体系。选取C—G—E—K、A—L—I—G和H—J—F为刚片,体系满足三刚片规则,为无多余约束的几何不变体系,原体系几何构造性质亦然。

【例1-7】 分析图1.3-5(a)所示体系的几何组成。(5分,东南大学,2004)

解析: 体系与大地仅通过三根既不共线也不交于一点的支座链杆相连,因此可以先去

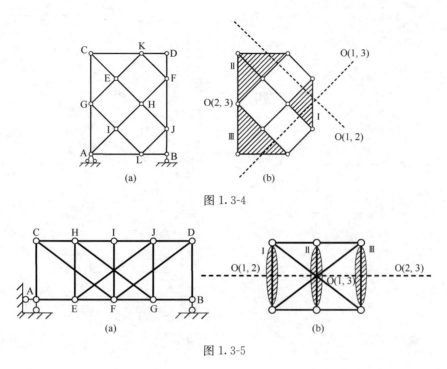

图 1.3-4

图 1.3-5

除大地,仅考虑上部体系的几何构造特性。依次去除二元体 C—A—E、H—C—F、D—B—G 和 J—D—F,原体系可简化为图 1.3-5(b)所示体系。选取三根竖杆作为刚片,联系三刚片之间的三铰共线,体系为瞬变体系。

【例 1-8】 试分析图 1.3-6(a)所示体系的几何组成。(8 分,北京交通大学,2002)

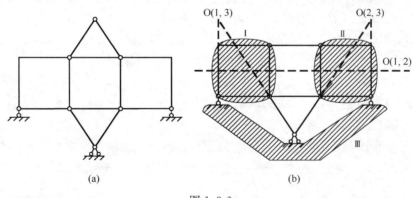

图 1.3-6

解析: 去除体系上部的二元体。与大地相连的链杆超过 3 个,可将大地视作一个刚片,再去寻找其他刚片。选取刚片如图 1.3-6(b)所示,则各刚片之间的联系均为虚铰。无穷远处的虚铰 O(1,2)平行于 O(1,3)和 O(2,3)之间的连线,因此,原体系为瞬变体系。

【例 1-9】 图 1.3-7(a)为三角形 ABC 及其他链杆所组成体系,试考察 BC 边上 G 铰不同位置与体系整体几何特性的关系,给出简要分析过程。(10 分,北京交通大学,2003)

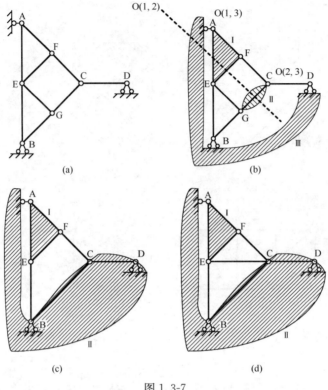

图 1.3-7

解析： 观察图 1.3-7(a)所示体系，△BEG 直接与大地固定铰支，可拆解为 3 根链杆看待，因此，与大地直接相连的约束分别为链杆 BE、BG、CD 及 A 支座，超过 3 个，需将大地视作刚片。BG 和 CD 与 GC 杆件相连，BE 和 A 支座链杆与△AEF 相连，通过"顺藤摸瓜"的思想可以找出如图 1.3-7(b)所示的三刚片。G 铰位于 BC 之间时，三个虚铰共线，体系为瞬变体系。

G 铰在 B 点处时，如图 1.3-7(c)所示，B—C—D 可以看作直接添加在大地上的二元体，可与大地视作一个刚片，△AEF 为另一刚片，两刚片之间通过三根共线的链杆相连，亦为瞬变体系。

G 铰在 C 点处时，如图 1.3-7(d)所示，△AEF 和大地刚片之间通过 4 根链杆相连，其中 BE、EC、CF 三根链杆既不全共线，也不全交于一点。因此，体系为有一个多余约束的几何不变体系。

因此，G 铰由 B 到 C 的过程中，体系的几何特性分别为瞬变、瞬变、有一个多余约束的几何不变体系。

【例 1-10】 分析图 1.3-8(a)所示体系中 B 从 A 移动到 C 时，体系几何组成性质的变化规律。(10 分，北京交通大学，2006)

解析： 如图 1.3-8(b)所示，DG 杆与大地通过一固定铰支座和一不过该铰的链杆相连，可与大地视作同一刚片。体系 ACFE 与大地仅通过 FG、CD 和 A 处的链杆相连，这三根链杆既不全平行也不全共线，因此，可以去除大地，仅观察体系 ACFE 的几何构造特性即可。在 B 铰由 A 到 C 的过程中，如图 1.3-8(c)、(d)、(e)所示，ACEF 的几何特性分别为无多余约束的几何不变体系、几何可变体系和无多余约束的几何不变体系。原体系的几何组成性质亦然。

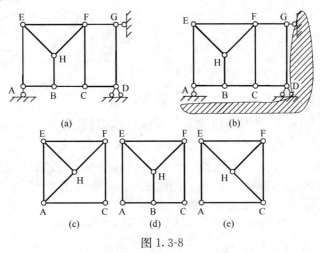

图 1.3-8

【例 1-11】 当 $\alpha \neq 0$ 及 $\alpha = 0$ 时，分别讨论图 1.3-9(a)所示体系的几何构造。(4 分，清华大学，1997)

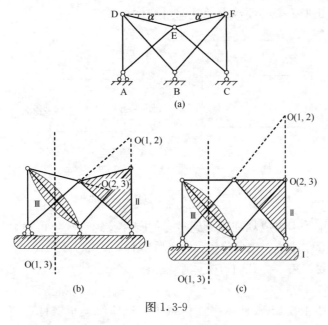

图 1.3-9

解析：体系与大地之间的联系超过 4 个，将大地视作一个刚片，△CEF 和杆件 DB 分别为另两个刚片。当 $\alpha \neq 0$ 时，如图 1.3-9(b)所示，体系为没有多余约束的几何不变体系。当 $\alpha = 0$ 时，如图 1.3-9(c)所示，三铰共线，体系为瞬变体系。

【例 1-12】 在图 1.3-10(a)所示体系中，当去掉支座 A 处的水平链杆，则余下的体系为_____体系；当去掉支座 A 处的竖向链杆，则余下的体系为_____体系。(4 分，浙江大学，2001)

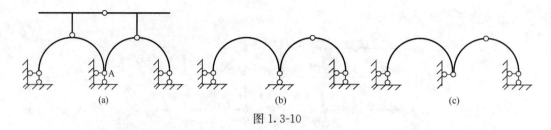

图 1.3-10

解析： 在图 1.3-10(a)中，体系的上部杆件可作为二元体先去除，不影响体系的几何构造特性。再分别去掉支座 A 处的水平和竖向链杆时，则体系可简化为图 1.3-10(b)和(c)。

在图 1.3-10(b)、(c)中，右半边的拱形结构亦可作为二元体去除。可见图 1.3-10(b)所示体系为无多余约束的几何不变体系，图 1.3-10(c)所示体系为瞬变体系。因此，此题答案为无多余约束的几何不变体系和瞬变体系。

【例 1-13】 试分析图 1.3-11(a)所示体系的几何组成。（6 分，哈尔滨工业大学，2004）

解析： 如图 1.3-11(b)所示，取刚片Ⅰ、Ⅱ、Ⅲ，刚片Ⅰ和Ⅲ之间通过无穷远处虚铰 O(1,3) 相连，刚片Ⅱ和刚片Ⅲ通过虚铰 O(2,3) 相连，如果没有铰 A，刚片Ⅰ和Ⅱ之间会通过水平无穷远处的虚铰相连，组成一个无多余约束的几何不变体系，因此，铰 A 的存在使得该体系成为缺少一个必要约束的几何可变体系。

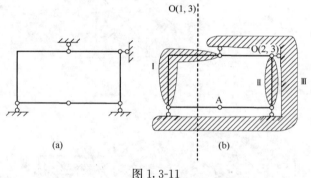

图 1.3-11

此题如直接使用基本组成规则找不到对应的刚片及约束，还可通过其计算自由度值进行判断。体系共有 5 个刚片，5 个单铰，4 个单链杆，因此，$W = 5 \times 3 - 5 \times 2 - 4 = 1 > 0$，该体系缺少一个必要约束，为几何可变体系。

【例 1-14】 在图 1.3-12(a)所示平面体系中，试增添支承链杆，使成为几何不变且无多余约束的体系。（6 分，西南交通大学，2005）

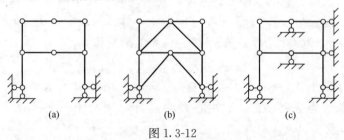

图 1.3-12

解析：图 1.3-12(a)所示，体系缺少 4 个必要约束。可以在上部结构添加链杆，也可以在支座位置处添加链杆，答案有多种，图 1.3-12(b)和(c)仅作参考。

【例 1-15】 计算图 1.3-13 所示体系的自由度，试分析其几何组成。(20 分，华南理工大学，2006)

解析：图 1.3-13 所示体系有 ACDB、AG、GB、HG、EC、DF、EH、HF 和 EF 这 9 个刚片，A、B、C 和 D 处 4 个单铰，E、F、G、H 处 4 个连接三个刚片的复铰，3 个支座链杆，因此，其计算自由度为：$W=3m-(2h+r)=3\times 9-(2\times 12+3)=0$

观察图 1.3-13 可知，体系与大地仅通过三根既不全共线也不全交于一点的支座链杆相连，因此，可以先去除大地，仅考虑上部体系的几何构造特性。刚片 ACDB 添加二元体 A—G—B，组成刚片 A—C—D—B—G，与刚片 E—H—F 之间通过 EC、HG 和 FD 三根交于一点的链杆相连，因此，该体系为瞬变体系。

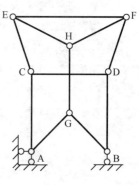

图 1.3-13

【例 1-16】 图 1.3-14 所示体系的计算自由度 $W=1$，是几何_____变体系；若在 A 点加一竖向链杆支座，则成为几何_____变体系；若在 A 点加一固定铰支座，则成为_____变体系。(5 分，哈尔滨工业大学，2010)

解析：图 1.3-14 所示体系计算自由度 $W>0$，为几何可变体系。

若在 A 点加一竖向链杆支座，则与【例 1-9】类似，结论为无多余约束的瞬变体系；

若在 A 点加一固定铰支座，则分别取上部两个三角形和大地为三个刚片，三者之间的连系为三个共线的铰，成为有一个多余约束的几何瞬变体系。

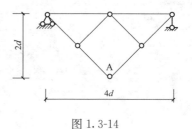

图 1.3-14

【例 1-17】 图 1.3-15(a)所示体系为(　　)。(4 分，哈尔滨工业大学，2012)

　　A. 无多余约束几何不变体系　　　　B. 常变体系
　　C. 有多余约束几何不变体系　　　　D. 瞬变体系

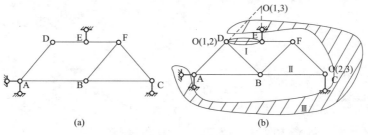

图 1.3-15

解析：请注意，图 1.3-15(a)中 A 点不是纯粹的铰结点，ABD 是一个刚片，因此，可以对 ABD 部分进行替换，如图 1.3-15(b)所示，取 BCF、DE 和大地为三刚片，BCF 和大地通过 AB 和 C 处两链杆构成的虚铰相连，DE 和大地通过 AD 和 E 处两链杆构成的虚铰相连，BCF 和 DE 之间则通过 DB 和 CF 两链杆构成的虚铰相连，三个虚铰不共线，该体系为无多余约束的几何不变体系，答案为 A。

【例 1-18】 图 1.3-16(a)所示体系为(   )。(4 分，哈尔滨工业大学，2013)
A. 无多余约束几何不变体系　　　　B. 几何常变体系
C. 有多余约束几何不变体系　　　　D. 几何瞬变体系

解析：去除 EF 二元体，如图 1.3-16(b)所示，将 AD、BCE 和大地视作三个刚片，则 AD 和 BCE 之间通过 AB 和 DE 两平行链杆组成的虚铰 O(1,2)相连，BCE 和大地之间通过链杆 E 和 C 形成的虚铰 O(2,3)相连，AD 和大地之间则通过链杆 A 和链杆 D 组成的虚铰 O(1,3)相连，三个虚铰不共线，体系为无多余约束的几何不变体系。答案为 A。

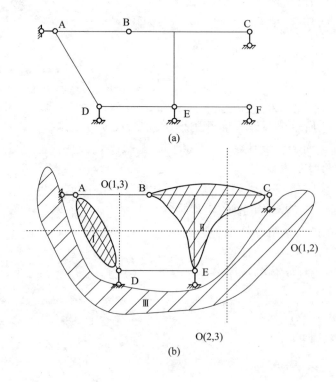

图 1.3-16

【例 1-19】 分析图 1.3-17 所示体系的几何组成。(12 分，河海大学，2008)
解析：ABC 为二元体，可先去除。将 HDE 和 JFE 与基础视作三刚片，则三铰 D、E 和 F 在一条直线上，该体系为瞬变体系。

【例 1-20】 分析图 1.3-18 所示体系的几何组成。(10 分，河海大学，2009)

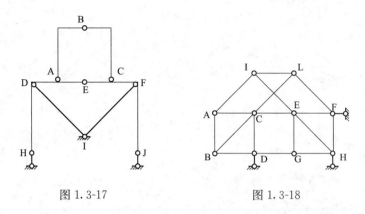

图 1.3-17　　　　　　　　　图 1.3-18

解析： 图 1.3-18 所示体系仅通过三根不全平行也不交于一点的链杆与基础相连，可先去掉基础。将 IL，ABDC，EFHG 视作三个刚片。IL 和 ABDC 通过 AI 和 CL 两平行链杆组成的虚铰连接，IL 和 EFHG 通过 IE 和 LF 两平行链杆组成的虚铰连接，ABDC 和 EFHG 则通过 CE 和 DG 两平行链杆组成的虚铰连接，三铰虽然不共线，但三对链杆各自平行且等长，体系为几何常变体系。

【例 1-21】　是非题

图 1.3-19(a)所示铰结体系为几何可变体系，图 1.3-19(b)所示铰结体系为几何不变体系。(　　)(4 分，河海大学，2010)

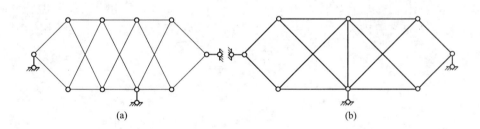

图 1.3-19

解析： 图 1.3-19(a)体系仅通过三根不全平行也不交于一点的链杆与基础相连，可先去掉基础，之后陆续去除二元体，剩下两根铰接的链杆，因此体系为几何可变体系。

图 1.3-19(b)所示体系可采用同样方法进行分析，陆续去除二元体后，剩下一根铰接的链杆，因此结构为无多余约束的几何不变体系。答案为正确。

【例 1-22】　分析图 1.3-20 所示体系的几何组成。(10 分，河海大学，2010)

解析： 逐步去除二元体，可知体系为无多余约束的几何不变体系。

【例 1-23】　分析图 1.3-21 所示体系的几何组成。(8 分，河海大学，2012)

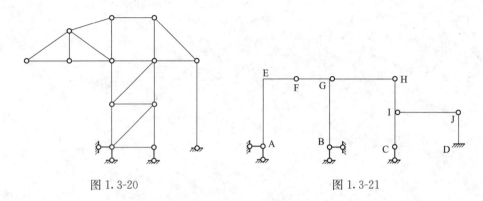

图1.3-20　　　　　　　图1.3-21

解析：将 AEF、BGF 和大地视为三刚片，通过不共线的三个铰 A、B 和 F 相连，因此，这一部分可视作和大地一体的刚体，DJ 亦可视作与大地一体的刚体，因此，HC 与大地之间由 GH、C 和 IJ 三个不交于一点也不完全平行的链杆相连，该体系为无多余约束的几何不变体系。

【**例 1-24**】　图 1.3-22 所示结构体系的计算自由度 $W=$ (　　)。(4 分，哈尔滨工业大学，2013)

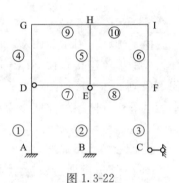

图1.3-22

A. -5　　　　　　　　B. -6
C. -7　　　　　　　　D. -8

解析：如图 1.3-22 所示，体系由 10 个刚片组成，A、B、G 和 I 处各为 3 个约束，C 为 1 个约束，H 和 F 分别为 6 个约束，D 处为 5 个约束，E 为 8 个约束，因此体系的计算自由度为：$W=10\times3-4\times3-2\times6-5-8-1=-8$。答案为 D。

第 2 章 静定结构内力分析及综合

2.1 基本内容

在任意荷载作用下,结构的全部反力和内力都可以由静力平衡条件确定,这样的结构称为静定结构。换句话说,相对于超静定结构而言,静定结构的分析只需考虑平衡条件,无需考虑变形条件。虽然简单,但静定结构的内力分析是结构力学里十分重要的基础性内容,它将贯穿于整个结构力学,具体体现在:(1)为求解静定结构位移作准备。求解静定结构位移时,首先要求出外荷载和单位荷载作用下的内力,然后用虚功原理(单位荷载法)进行求解。(2)为求解超静定结构作准备。无论是位移法还是力法都要用到力的平衡条件。(3)为求解移动荷载乃至动力荷载作用下结构的内力与位移作准备。例如影响线和结构动力分析。

根据结构的形式及受力特点,本章的内容可以分为:

(1) 梁与刚架的内力分析。梁与刚架由受弯杆件组成,杆件内力一般包含轴力、剪力和弯矩,内力分析的结果是画出各杆的 N 图、Q 图及 M 图。通常做法是"逐杆绘制,分段叠加",并要求能做到快速准确地画出内力图。

(2) 桁架结构的内力分析。桁架由只受轴力的杆件组成,因此内力分析的结果是给出各杆件轴力。基本分析方法是结点法、截面法以及二者的联合应用。根据特殊结点准确而快速地判断零杆,并要善于识别结点单杆和截面单杆。

(3) 三铰拱的内力分析。拱是在竖向荷载作用下具有水平支座反力的结构,主要受压,一般同时具有轴力、剪力和弯矩。对于三铰平拱可以由相应的简支梁进行快速分析,且弯矩为 $M=M^0-F_H y$。

(4) 组合结构的内力分析。组合结构由链杆和梁式杆件组成,链杆部分只受轴力,而梁式杆除受轴力外,还受弯矩和剪力作用。因此求解的首要问题是识别链杆和梁式杆,正确选取隔离体进行分析,为简化分析,一般尽量避免截断梁式杆。

虽然静定结构的结构形式千差万别,但其内力分析万变不离其宗,基本过程是"选隔离体→列平衡方程→解方程求未知力",熟练应用这一基本过程是解决复杂问题关键。而此过程的关键一步在于选隔离体,也就是"如何拆"原结构的问题,这是问题的切入点。值得注意的是拆原结构要以相应的内力或支座反力代替,因此要充分掌握上述各类结构的受力性能及特点。

2.2 要点与注意事项

2.2.1 静定结构的一般性质

静定结构的内力可由平衡方程唯一确定(存在性与唯一性),无需考虑变形条件。以下一些静定结构的性质都由这条基本规律导出。

(1) 静定结构只在荷载作用下产生内力,其他因素(如支座移动、温度变化和制造误差等)只引起位移和变形,不产生内力。当静定结构有弹性支座时,弹性支座的变形可以看成是支座移动,不会改变原结构的内力,只是位移(变形)不同。

(2) 静定结构的局部平衡特性。在荷载作用下,如果仅靠静定结构的某一局部就能与荷载保持平衡,则只有这部分受力,其余部分内力为零。因此,作用在结构基本部分上的荷载对附属部分没有影响。此外,如果结构的某一部分上的荷载能够自平衡,则这部分荷载对结构的其他部分没有影响。

(3) 静定结构的荷载等效特性。静定结构内部一个几何不变部分上的荷载作等效变换时,其余部分内力不变。这实际上是"局部平衡特性"的一个延伸。

(4) 静定结构的构造变换特性。静定结构内部一个几何不变部分作构造变换,且变换后仍能承担原荷载,则该变换对其余部分内力无影响。由此可见,静定结构的内力与杆件的刚度无关。

2.2.2 隔离体的选取与几何构造

欲快速求解内力,应尽量不解或少解联立方程,最理想的情况是,每建一个方程,只引入一个未知力。这与隔离体的选取方式及顺序有关,一种有效的方法是"根据结构的几何构造特性来选取隔离体"。选取隔离体也就是去约束的过程,应当与几何组成中加约束的过程相反,即"后搭的先拆"。例如,对多跨静定梁与刚架,先求解附属部分,后求解基本部分;对联合桁架,如果联合桁架是由两个简单桁架通过两刚片规则组成,则应先求解连接这两个刚片的链杆的轴力。

2.2.3 荷载与内力(深刻理解平衡)

(1) 内力符号规定。轴力以拉为正,剪力以使内侧隔离体顺时针旋转为正,轴力与剪力图必须标明正负号;弯矩不标明正负号,但要将图形画在杆件受拉一侧。

(2) 荷载与内力的微分关系。在直梁中,由微段[如图2.2-1(a)]的平衡条件可得内力与荷载集度之间具有如下微分关系:

$$\begin{cases} \dfrac{dM}{dx} = Q \\ \dfrac{dQ}{dx} = -q(x) \\ \dfrac{dN}{dx} = -p(x) \end{cases} \quad (2.2\text{-}1)$$

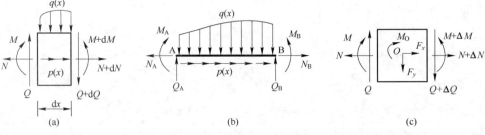

图 2.2-1 荷载与内力的关系

这些关系的几何意义是：弯矩图某点的切线斜率等于该点处的剪力；剪力图与轴力图上某点的切线斜率分别等于该点处的横向荷载集度与轴向荷载集度，但符号相反。

（3）荷载与内力的积分关系。如图 2.2-1(b) 所示，直杆 AB 上作用连续分布的荷载，由微分关系进行积分可得：

$$\begin{cases} M_B = M_A + \int_A^B Q \mathrm{d}x \\ Q_B = Q_A - \int_A^B q(x) \mathrm{d}x \\ N_B = N_A - \int_A^B p(x) \mathrm{d}x \end{cases} \quad (2.2\text{-}2)$$

几何意义是：B 端弯矩等于 A 端弯矩加上此段剪力图的面积；B 端的剪力（轴力）等于 A 端的剪力（轴力）减去横向分布荷载图（轴向分布荷载图）的面积。

（4）荷载与内力的增量关系。如图 2.2-1(c) 所示，杆件上某点 O 处有集中荷载作用，由微段的平衡可得该点左右截面的内力增量为 ΔN，则 ΔQ，ΔM 与荷载有如下关系：

$$\Delta M = M_O, \quad \Delta Q = -F_y, \quad \Delta N = -F_x \quad (2.2\text{-}3)$$

几何意义是：内力图在集中荷载作用的地方将有突变，突变值大小等于该处作用的相应集中荷载值，符号根据平衡条件确定。

根据荷载与内力的上述几种关系，可以得到梁段上荷载与内力图形状的一些对应关系，如表 2.2-1 所示。

直梁内力图形状特征　　　　　　　　表 2.2-1

梁上荷载	无横向外力	横向均布荷载 q		横向集中力 F		力偶 M	铰
Q 图	水平线	斜直线	为零处	有突变（突变值=F）	如变号	无变化	无影响
M 图	一般为斜直线	抛物线（凸向同 q 的指向）	有极值	有尖角（指向同 F 的指向）	有极值	有突变（突变值=M）	为零

2.2.4 对称性的利用

静定结构的对称性是指结构的几何形状和支座形式均对称于某一轴线（对称轴）。对称结构在对称荷载作用下，结构的 M 图、N 图为正对称，Q 图为反对称；在反对称荷载作用下，结构的 M 图、N 图为反对称，Q 图为正对称。需要指出的是，在对称（反对称）荷载作用下，剪力 Q 也是对称（反对称）分布的，但因剪力符号规定并统一为使杆端顺时针旋转为正，故 Q 图的符号是反对称（对称）的。

在应用上述结论的过程中，要注意以下几个问题：

（1）若结构对称，荷载不对称时，可以将不对称荷载转换成正对称和反对称荷载的叠加。

（2）根据对称性，可将复杂结构取半结构进行计算。

（3）对静定结构的内力计算而言，结构的刚度对内力没有影响，故结构形式与支座对称就看成对称结构，刚度可以不对称，这与位移计算以及超静定结构分析有所不同。

(4) 杆件在对称轴处的截面内力是否为零，不仅要看荷载与结构的对称性，还要看杆件与荷载的几何关系。如图 2.2-2 所示，(a)图对称轴处的剪力为零，但(b)图对称轴处的剪力不等于零(但截面上所有内力的合力沿对称轴的投影为零)。

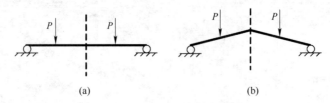

图 2.2-2 对称轴处截面内力

(5) 正确判断荷载的对称性。如图 2.2-3 所示，(a)图为对称荷载，但(b)图、(c)图的荷载为反对称荷载。

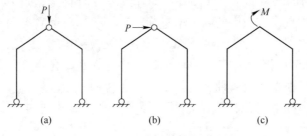

图 2.2-3 正确判断荷载对称性

2.2.5 叠加原理

叠加原理是指结构中所有荷载产生的效果等于每一荷载单独作用时产生的效果的代数和。

这里的荷载是广义的，包括外力、温度改变、支座移动以及制造误差等。叠加原理的应用条件为结构满足"小变形"和"线弹性"。

2.2.6 快速画弯矩图

静定结构在很多情况下，可以不求或少求反力即可绘制弯矩图，熟练掌握这种方法，对于快速绘制弯矩图以及校核其正确性极为有益，所依赖的工具无外乎是静定结构的特性、荷载与内力的关系以及对称性。以下几点应熟练掌握：

(1) 结构上的悬臂部分以及简支部分(含任何两铰直杆)，其弯矩图可首先绘出；
(2) 直杆的无荷载区段弯矩为直线；
(3) 剪力相等则弯矩斜率相同；
(4) 铰和自由端无外力偶作用时，该处弯矩为零；
(5) 刚结点力矩平衡；
(6) 作弯矩图的区段叠加法；
(7) 对称性的利用；
(8) 外力与杆轴重合时不产生弯矩，与杆轴平行时弯矩为常数；

(9) 主从结构中，基本部分的荷载对附属部分的内力没有影响。

值得注意的是集中力偶作用下弯矩图的绘制问题。在荷载与内力的增量关系中已经说过，可由集中力偶作用点处微段的平衡得知，集中力偶 M_0 作用处，剪力无变化，但弯矩突变，且突变值等于 M_0，突变后的 M 图形状如同一根绷紧的橡皮筋受力偶作用后的形状，其两侧的 M 图切线互相平行，如图 2.2-4。

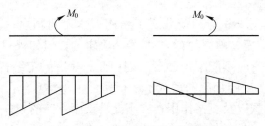

图 2.2-4 集中力偶作用下弯矩图的形状

例如，求图 2.2-5 所示多跨连续梁在荷载作用下的弯矩。

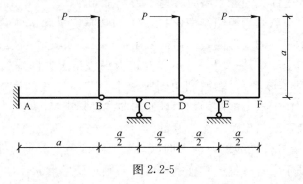

图 2.2-5

该结构由基本部分(AB)与附属部分(BCD 和 DEF)构成，为静定结构。首先，三根竖杆为悬臂，其弯矩图可先行绘出。EF 杆也是悬臂部分，且外力与杆件平行，故其弯矩为常数，相应的弯矩图为一水平线。然后，由无荷载作用杆段的弯矩图为直线及铰结点处弯矩为 0，可以给出 DE 段的弯矩图。注意到 CD 段与 DE 段的剪力相等(都等于支座 E 的反力)，可知两杆的弯矩图平行(斜率相同)，结合 D 结点的弯矩平衡可给出 CD 段弯矩，并且 $M_{CD}=0$。B 处为一铰，故 BC 整段的弯矩为 0。最后，利用刚结点的力矩平衡，并注意到 AB 和 BC 段的剪力相等，因而其弯矩图也应平行，便可作出 AB 段的弯矩。最终得到整个结构的弯矩图如图 2.2-6 所示。

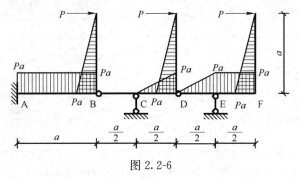

图 2.2-6

现在的问题是：如果支座 C 左移或者右移 $\frac{a}{4}$，则支座 C 的弯矩不为 0，又该如何绘制弯矩图呢？分析过程与上述类似，只是 AB 与 BC 段的弯矩有变化，但两段的弯矩图仍保持平行。请读者自行绘制。

2.2.7 结构力学反问题与变形曲线

给定静定梁段弯矩图求相应的荷载属于结构力学反问题之一。我们知道在给定荷载下，静定结构的内力(弯矩、剪力和轴力)是唯一确定的，但如果只知道弯矩图，能否求相应的荷载呢？能，但是有时不能唯一确定。理由是：(1)静定结构的内力只与荷载有关，有弯矩必有荷载；(2)弯矩图相应的荷载由平衡条件求得；(3)不能求与弯矩无关的荷载，如与杆轴方向重合的荷载以及直接作用在支座处沿支座方向的集中力。

此类问题一般的解法是，与绘制弯矩图的"分段叠加，逐杆绘制"的方法相对应，将结构分段，由平衡条件确定段间荷载和杆端剪力，然后由杆段相交的结点平衡求各结点上的荷载。值得注意的是此类问题求解时容易"丢"荷载。

还有一类题型是"已知弯矩图绘变形曲线"，可以从定量和定性两个层次上提出要求。定量，就是要描绘出精确的变形曲线。通常采用描点法。对梁和刚架而言，一般做法是欲求一点某个指定方向上的位移(变形)，可以在该点沿该指定方向施加一个单位荷载(超静定结构可以取某个基本体系)，然后利用图乘法求位移。定性，就是勾画出变形曲线的"形状"或者"轮廓"。但这不能乱画，而且变形曲线必须满足：(1)符合支座的约束条件、杆件的连接条件以及正确给出反弯点的位置(定点)；(2)正确反映结点线位移和角位移的方向(定角)；(3)反映杆件轴线的弯曲方向(定线)。要注意的是使变形后杆件受拉侧与弯矩图位置一致，借助于受弯杆件的物理方程可方便确定变形形状，即 $M=EI\kappa=EIy''$，其中 κ 是曲率，y 是变形，因此弯矩变号的地方(反弯点)就是变形曲线的拐点。

2.2.8 各类结构的特殊分析方法

1. 梁与刚架(叠加法作弯矩图)

在梁与刚架的内力分析中，常应用叠加原理绘制弯矩图，即叠加法作弯矩图。结构中任一直杆段若受横向荷载作用，且杆端弯矩已知 [图 2.2-7(a)]，则该段的弯矩图等于将

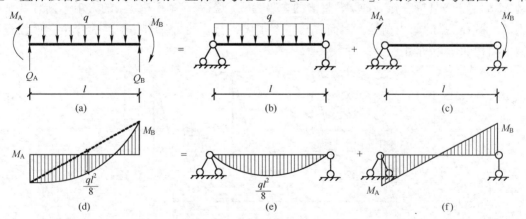

图 2.2-7 叠加法作弯矩图

该杆视为简支梁,并在简支梁上单独作用横向荷载与单独施加杆端弯矩的叠加,如图 2.2-7 所示。

具体作图时,可先将端部弯矩绘出,并连以虚线,然后以此虚线为基线,绘出简支梁在相应横向荷载作用下的弯矩图,该图与梁轴包围的图形即为最后弯矩图 [图 2.2-7(d)]。需要注意的是,所谓叠加是指竖标的叠加,即在虚线上叠加的值仍应垂直于杆轴,而不是垂直于虚线。

在上面的示例中,横向荷载为均布荷载,故跨中弯矩为 $\dfrac{ql^2}{8}$。此外,当简支梁作用横向荷载为集中力 P 时,其弯矩图也很常用。如图 2.2-8 所示,集中荷载作用处的弯矩为 $\dfrac{Pab}{l}$。记住这些特殊情况下的弯矩值会给快速作弯矩图带来方便。

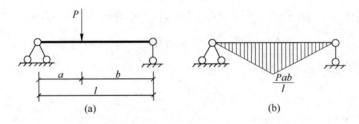

图 2.2-8 简支梁在集中荷载作用下的弯矩图

在此需要着重指出三点:

(1) 叠加法作弯矩图对超静定结构同样适用。

(2) 用叠加法作弯矩图时,在杆段中可以含有铰 [图 2.2-9(a)],或滑动约束 [图 2.2-9(b)、(c)],均可按连续杆段进行叠加作弯矩图。以横向荷载为均布荷载 q 为例,则所叠加的简支梁弯矩均相同,杆中点弯矩叠加值均为 $\dfrac{ql^2}{8}$。初学者对(b)、(c)两图好理解,但不太理解为什么(a)图按上述叠加法叠加后弯矩图为 0 的地方刚好在铰处。实际上,如果弯矩在此不为 0,则不平衡,换句话说杆端弯矩 M_A 与 M_B 之间有一定的制约关系,使得叠加后弯矩在铰处必须为 0。

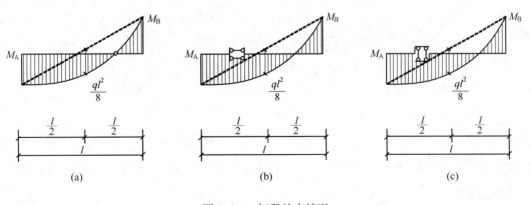

图 2.2-9 杆段约束情况

(3) 对于斜直杆段,在沿水平分布的均布荷载作用下,所叠加的简支梁中点弯矩值为 $\frac{qa^2}{8}$,而不是 $\frac{ql^2}{8}$(l 为杆长,a 为其水平投影长),如图 2.2-10。

2. 桁架

在桁架的内力分析中,有结点法、截面法、通路法以及杆件替代法等。一般来讲对简单桁架宜用结点法;联合桁架宜用截面法;复杂桁架宜用通路法与杆件替代法。当然这种分类不是严格的,要视待分析问题的具体情况而定。

(1) 结点法

结点法是以一个结点作为隔离体,作用在结点上的力(反

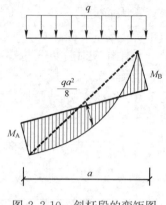

图 2.2-10 斜杆段的弯矩图

力、内力与荷载)形成一个平面汇交力系,进而可列出两个平衡方程 $(\Sigma X=0,\Sigma Y=0)$,一次最多解出两个未知力。计算时,桁架中斜杆的轴力 N 及其分量 X、Y,与斜杆杆长及其在 x、y 两个方向上的投影长度 l_x,l_y 有如下比例关系:

$$\frac{N}{l}=\frac{X}{l_x}=\frac{Y}{l_y} \tag{2.2-4}$$

在应用结点法时,要熟练掌握一些特殊结点的性质以及零杆的判断,这会给求解带来极大方便,如图 2.2-11 所示为 L、T、X 与 K 形等特殊结点及零杆情况。当在对称荷载作用下,K 形结点的 N_1,N_2 杆处于对称位置时,则 $N_1=N_2=0$。应用结点法最理想的情况是一个方程就可求一个杆件未知力(称该杆为结点单杆),避免求解联立方程。

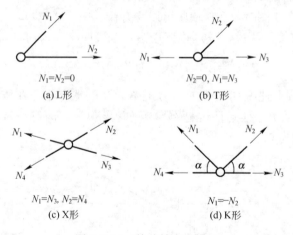

图 2.2-11 特殊结点及零杆

(2) 截面法

截面法是以两个以上结点与杆件及其组成的体系作为隔离体,作用在该隔离体上的力(反力、内力与荷载)形成平面力系,由三个平衡方程 $(\Sigma X=0,\Sigma Y=0,\Sigma M=0)$ 一次最多可求出三个未知力。

应用截面法最理想的情况是一个方程就可求一个杆件未知力(称该杆为截面单杆),从而避免求解联立方程。这种情况一般有两种:一种是相交型,即在截面截断的杆件中,除

了某一根杆件 a 外,其余杆件交于一点 O,则可用 $\Sigma M_O=0$ 求出 a 杆内力;另一种是平行型,即在截面截断的杆件中,除了某一根杆件 a 外,其余杆件互相平行,则可将 a 杆内力正交分解为与其余杆件平行和垂直的分力,然后利用垂直方向上的合力为 0,求出 a 杆内力。

(3) 通路法与代替杆法

通路法与代替杆法常用于求解复杂桁架中,一般通路法较为有效,而代替杆法计算工作量大。现将思路简单归纳如下:

通路法(又称初参数法)的基本思路是从三杆相交的结点中取任意一根杆件的轴力作为初参数 x(待定),由此结点出发,沿着可以用结点法求解的一个回路依次取结点算出各杆的轴力与 x 的关系,最后利用闭合条件求出 x,进而计算其余各杆内力。

代替杆法(又称海纳堡法)就是更换杆件的连接部位使复杂桁架变成简单桁架,并使新桁架与原桁架等价(各杆轴力相同),以求得原桁架各杆轴力。为了达到等价,设原桁架中被替换的杆在原荷载作用下的内力 N_b,如果使新桁架在原有荷载和 N_b 共同作用下使新杆轴力为 0,那么根据静定结构内力解答唯一性,新桁架各杆轴力就是原桁架各杆的轴力。计算步骤为:①分别求出新桁架在原有荷载单独作用下和被替换杆的轴力为单位力作用下各杆的轴力 N_{Pi} 和 $\overline{N}_i$;②新桁架替换新杆的内力为 $N_{Pj}+\overline{N}_j N_b=0$,可求得 N_b,其中 j 为替换新杆在新桁架中的编号;③按 $N_i=N_{Pi}+\overline{N}_i N_b$,求其他杆件轴力。代替杆法关键在于选取被代替杆。

3. 组合结构

组合结构由链杆和梁式杆组成,一般先用截面法或结点法求出链杆的轴力,再取梁式杆为隔离体求其内力。

4. 三铰拱

三铰平拱(两支座等高的三铰拱),在竖向荷载(含力偶)作用下,其支座反力及任意截面内力,可由相应简支梁的内力来表示:

反力:
$$\begin{cases} R_A = R_A^0 \\ R_B = R_B^0 \\ H = \dfrac{M_C^0}{f} \end{cases} \quad (2.2\text{-}5)$$

内力:
$$\begin{cases} M = M^0 - Hy \\ Q = Q^0 \cos\varphi - H\sin\varphi \\ N = -Q^0 \sin\varphi - H\cos\varphi \end{cases} \quad (2.2\text{-}6)$$

式中各符号的含义见图 2.2-12,需要说明的是 φ 在左半拱取正,右半拱取负。此外,当荷载含有水平荷载时,不能使用上述公式求反力与内力。由上述内力计算公式,则可以确定竖向荷载(含力偶)作用下,三铰拱的合理拱轴线为:

$$y(x) = \frac{M^0(x)}{H} \quad (2.2\text{-}7)$$

三铰斜拱(支座不等高的三铰拱)的内力分析,可采用类似三铰刚架的内力分析方法,

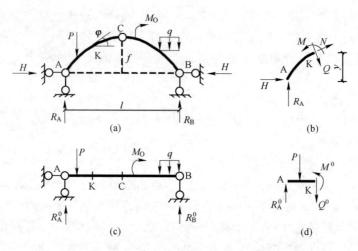

图 2.2-12 三铰拱及其相应简支梁

一般是将支座反力分解为沿两拱趾连线以及其垂线方向分解，通过对拱趾的弯矩平衡可求出支座反力在垂线方向上的分力，再取半拱为隔离体，通过对中间铰的弯矩平衡即可求支座反力沿两拱趾连线方向的分力。

2.3 真题解析

【例 2-1】 图 2.3-1(a)所示结构中 a 杆的轴力 $N_a=$ _____。（4 分，浙江大学，2000）

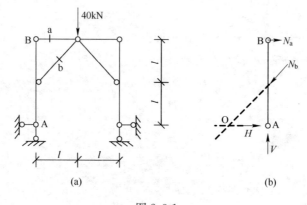

图 2.3-1

解析：本题为对称结构在对称荷载作用下的内力分析问题。两边支座一边分担一半的竖向荷载，故支座的竖向反力为 $R=20kN$。取 AB 杆为隔离体，如图 2.3-1(b)所示，延长 N_b 与 A 支座水平反力 H 相交于 O 点，则易知 OA 的长度为 l，进而由 $\Sigma M_O=0$ 知，$N_a=V/2=10kN$。

点评：当隔离体中有三个未知力，欲求其中之一，则最简便的办法之一就是在其余两个未知力相交的地方取力矩平衡。

【例 2-2】 改正图 2.3-2 所示结构的 M 图。(6 分,浙江大学,2000)

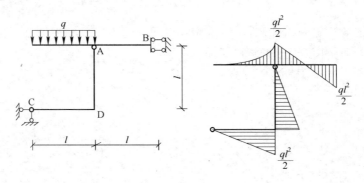

图 2.3-2

解析:首先来看形状,B 端为滑动支座,故 AB 没有剪力,根据 $\dfrac{dM}{dx}=Q=0$,可知 AB 段弯矩图为水平线。再看弯矩数值大小,A 处为 $\dfrac{ql^2}{2}$,正确。但 D 处是不对的,因为 C 支座的竖向反力为 ql,所以 $M_D=ql^2$。

【例 2-3】 (判断题)图 2.3-3 所示结构 DE 杆的轴力 $N_{DE}=\dfrac{P}{3}$ (　　)。(2 分,哈尔滨工业大学,2002;3 分,哈尔滨工业大学,2003)

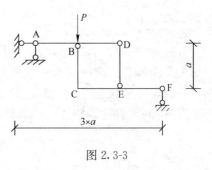

图 2.3-3

解析:哈尔滨工业大学连续两年考此题,有些考生可能先以整个结构作为隔离体,对 F 取矩,求得 A 支座反力 $R_A=\dfrac{2P}{3}(\uparrow)$,然后以 AD 为隔离体,由 y 方向上力的平衡得出 $N_{DE}=P-\dfrac{2}{3}P=\dfrac{P}{3}$,然后判断结论是"对"的,这样就把 BC 对 AD 杆的力丢了。正确的做法是求得 A 支座反力后,以 AD 为隔离体对 B 点取矩,可知 $N_{DE}=-\dfrac{2P}{3}$(受压)。

点评:由[例 2-3]可以看出简单的组合结构是考试的热点,关键在于正确选取隔离体,并准确给出在隔离体上的作用力。

【例 2-4】 图 2.3-4 所示结构当高度 h 增加时,杆件 1 的内力(　　)。(2 分,浙江大学,2002)

A. 增大 B. 减小
C. 不确定 D. 不变

解析:对称结构在对称荷载作用下,结构内力对称,故 $N_1=N_2$。但 A 结点为 K 形结点,$N_1=-N_2$,所以 $N_1=N_2=0$。无论 h 怎么变化,杆 1 内力都不变,

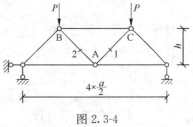

图 2.3-4

故选 D。

【例 2-5】 图 2.3-5(a)、(b)所示结构中，杆 AB 的内力分别为 N_1，N_2，二者的关系为(　　)。(4 分，哈尔滨工业大学，2003)

A. $N_1 > N_2$　　　　B. $N_1 < N_2$　　　　C. $N_1 = N_2$　　　　D. $N_1 = -N_2$

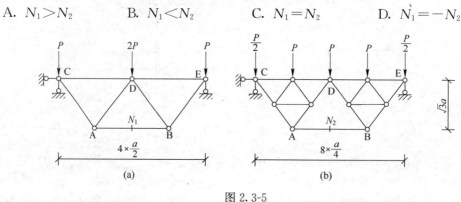

图 2.3-5

解析：一般的办法是先以整个结构为隔离体，因结构对称，荷载对称，C、E 支座各承担一半的荷载，可知两种情况下 E 支座的反力均为 $2P$。然后以 BDE 为隔离体，对 D 点取矩，求得 $N_1 = N_2 = \dfrac{P}{\sqrt{3}}$。

上述解法是对的，但是对一个只有 4 分的选择题而言，这样求解显然浪费时间。实际上，两个结构不同之处在于三角形 ADC 与 DBE 分别进行了构造变换，由"静定结构的构造变换特性"知该变换对 AB 杆没有影响；而作用在两个结构上的荷载是等效荷载，由"静定结构的荷载等效特性"知该荷载等效变换对 AB 杆也没有影响，故 $N_1 = N_2$，不用计算就能知道答案为 C。

【例 2-6】 求图 2.3-6(a)所示桁架的 b 杆的内力 $N_b = $ _____。(3 分，浙江大学，2001)

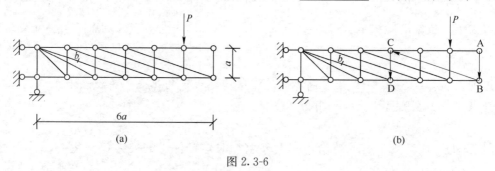

图 2.3-6

解析：本题比较简单，但关键在于判断零杆，如图 2.3-6(b)所示，从 A 结点出发，依次知 AB、BC、CD 为零杆，然后知 D 为 T 形结点，故 $N_b = 0$。

【例 2-7】 图 2.3-7(a)所示半圆三铰拱，$\alpha = 30°$，K 截面的剪力 $Q_K = $ _____。(7 分，哈尔滨工业大学，2003)

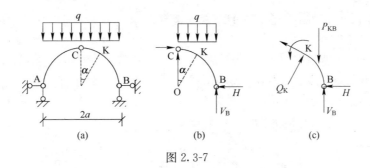

图 2.3-7

解析：一种方法是直接由公式 $Q=Q^0\cos\varphi-H\sin\varphi$，$H=\dfrac{M_C^0}{f}$ 求解，在这里因为拱是半圆，且在右半拱，故 $\varphi=-\alpha$。如果忘记公式，则可由对称性知 $V_B=qa$，取半拱 BKC 为隔离体，如图 2.3-7(b) 所示，$\sum M_C=0\Rightarrow H=\dfrac{1}{2}qa$，均布荷载在 KB 段上的合力为 $P_{KB}=qa(1-\sin\alpha)$；再取 KB 段为隔离体，如图 2.3-7(c) 所示，则隔离体上的外力在 OK 方向上的合力为 0，知 Q_K 就是所有 KB 段上的外力沿 OK 的投影，但要反号。即 $Q_K=-[(V_B-P_{KB})\cos\alpha-H\sin\alpha]=-\dfrac{1}{4}(\sqrt{3}-1)qa$，说明剪力 Q_K 与图示的剪力正方向相反。

点评：这道题虽然不难，但是很容易出错。直接用公式计算，容易错误取 $\varphi=\alpha$，如果按照上述方法一步一步计算，也容易把符号弄错。此外，对于与大地的支座数大于或等于 4 的时候，由结构的整体平衡不能完全确定支座反力，还需考虑局部的平衡。

【**例 2-8**】 图 2.3-8(a) 所示半圆拱 K 截面的弯矩 $M_K=$_____，_____侧受拉。（8 分，大连理工大学，2003）

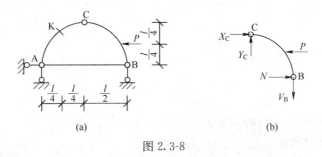

图 2.3-8

解析：取整个结构为隔离体，对 A 取矩可得支座 B 的反力 $V_B=\dfrac{P}{4}(\downarrow)$，然后取 BC 半拱为隔离体，受力如图 2.3-8(b) 所示，由 $\sum Y=0\Rightarrow Y_C=\dfrac{P}{4}$，$\sum M_B=0\Rightarrow X_C=\dfrac{P}{4}$。假设 K 截面为外侧受拉，则由 KC 段对 K 的力矩平衡，知 $M_K=Y_C\dfrac{l}{4}-X_C\left[\dfrac{l}{2}-\sqrt{\left(\dfrac{l}{2}\right)^2-\left(\dfrac{l}{4}\right)^2}\right]=\dfrac{(\sqrt{3}-1)Pl}{16}$，说明假设正确，K 截面为外侧受拉。

点评：本题容易将 X_C 与 Y_C 直接作用于 KC，忘了反作用力要先将 X_C 与 Y_C 反方向，这样就会得到内侧受拉的错误结论。此外，AB 杆是一个二力杆，相当于在 B 支座加了水平约束，结构在本质上与［例2-7］没有多大区别，但是因为有水平外力作用，本题不能直接套公式求解。

【例2-9】 图2.3-9(a)所示某结构中的AB杆的脱离体受力图，则其弯矩图的形状为（　　）。(5分，河海大学，2007)

A. 图(b)　　B. 图(c)　　C. 图(d)　　D. 图(e)

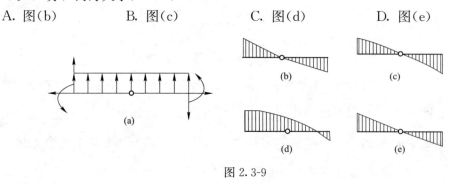

图2.3-9

解析：根据均布荷载向上，故弯矩图应向上凸，排除图(b)、图(e)。根据铰结点弯矩为0，故选"B. 图(c)"。

【例2-10】 图2.3-10(a)所示结构杆1的轴力（以拉为正）为（　　）。(6分，河海大学，2008)

A. $-F$　　B. $-\dfrac{F}{2}$　　C. 0　　D. $\dfrac{F}{2}$

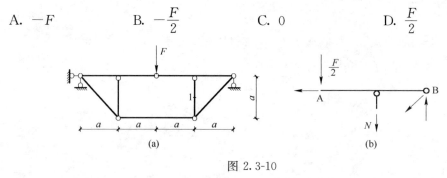

图2.3-10

解析：由结构对称性，取中间铰为隔离体，知铰两侧的受弯杆件共同分担荷载F，即每根横梁承受的力为$\dfrac{F}{2}$，如图2.3-10(b)所示。取受弯横梁为隔离体，假设杆件1的内力为N，对B点取矩，知答案为A。

【例2-11】 求图2.3-11(a)所示结构的弯矩图，并标出二力杆的轴力。(20分，华中科技大学，2004)

解析：该结构为组合结构。由T形结点F、G可知杆FH与GI为零杆，且JF、FG及GK的轴力相等，设为N。由结构整体平衡可求得A、B支座的反力为$R_{Ay}=3\text{kN}(\uparrow)$，$R_{Ax}=0$，$R_B=1\text{kN}(\uparrow)$。然后截断FG杆，并打开铰E，取右部分BDGE为隔离体，由$\Sigma M_E=0$，可求得$N=\dfrac{4}{3}\text{kN}(受拉)$。至此，所有二力杆的内力已经求得，而且作用在受弯杆

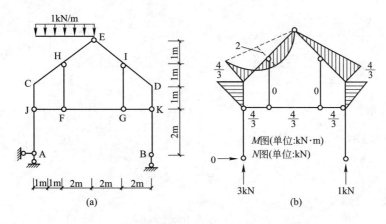

图 2.3-11

件上的荷载及反力也已经明确,剩下的就是由叠加法作弯矩图。结果如图 2.3-11(b)所示。

点评:对于与大地用三个支座相连接的结构,由整体平衡可以完全求出支座反力。就组合结构而言,取隔离体时一般不截断受弯杆件,分析时,对二力杆采用桁架结构的分析方法(结点法与截面法);对受弯杆件,采用分段叠加的方法快速绘制弯矩图。

【例 2-12】 对图 2.3-12 所示组合结构,试给出结点 F 和结点 B 处的力的平衡图。(8 分,北京交通大学,2002)

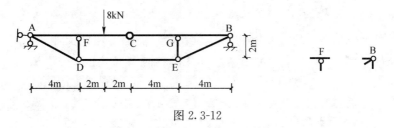

图 2.3-12

解析:该结构为组合结构,在结构的组成上与 [例 2-11] 很相似,不同之处在于 [例 2-11] 的受弯杆件为折梁,本例为直梁。求解过程也类似:

(1) 先由整体平衡求支座反力,有 $R_{Ay}=5$kN($\uparrow$),$R_{Ax}=0$,$R_B=3$kN($\uparrow$)。

(2) 截断 DE 杆,并打开铰 C,取右部分 CGBE 为隔离体如图 2.3-13(a)所示。由 $\Sigma M_C=0$ 可求得 DE 杆的内力 $N_{DE}=12$kN。由 $\Sigma X=0$,$\Sigma Y=0$ 可求得 $Q_C=-3$kN,$N_C=-12$kN。

(3) 取 D 为隔离体,由 $\Sigma X=0$,$\Sigma Y=0$ 可求 AD 与 DF 杆的轴力:$N_{AD}=6\sqrt{5}$kN,$N_{DF}=-6$kN。类似地,由 E 结点的平衡可求 GE 与 BE 杆的轴力:$N_{BE}=6\sqrt{5}$kN。

(4) 因为 B 点没有弯矩,取 B 结点为隔离体,其受力如图 2.3-13(b)所示,由 $\Sigma X=0$,$\Sigma Y=0$ 很容易求出 $Q_B=3$kN,$N_B=-12$kN。B 结点的平衡图见图 2.3-13(c)。

(5) 取 AC 杆为隔离体,因为 C 结点的力已经求出,F 结点的平衡图则较容易给出,如图 2.3-13(d)所示。

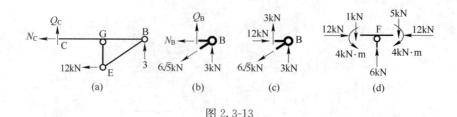

图 2.3-13

点评：静定结构的内力由平衡方程可以完全求解，反过来，所求得的内力必须使"整个结构"或"结构的一个局部"，甚至"一个来自结构中的一点"（如本例中的结点 B 和 F）都必须是满足平衡的，即满足 $\Sigma X=0$，$\Sigma Y=0$，$\Sigma M=0$。

【例 2-13】 作图 2.3-14 所示多跨梁的弯矩和剪力图，并给出梁 AB 的平衡图。（25 分，北京交通大学，2008）

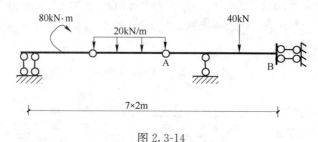

图 2.3-14

解析：多跨梁的弯矩图，要分段绘制，在各梁段上采用叠加法作弯矩图。就本题而言，从整体上看，该结构没有水平方向的外荷载，且左端为定向支座，从局部看，可取左端第一根梁为隔离体，知杆件没有轴力，同理其他两根梁也没有轴力。从结构的组成上看，左端和右端的梁为基本部分，而中间的梁为附属部分。取中间梁为隔离体，如图 2.3-15 所示。该梁为受均布荷载作用的两端简支梁，两端部各承担一半的荷载，即 40kN，这两个力反方向作用到左端梁和右端梁，于是整个结构的弯矩图和剪力图很容易就可画出。如图 2.3-16(a)、(b)所示。

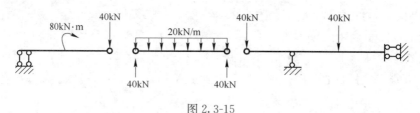

图 2.3-15

需要说明的是：在左端梁上剪力没有变化，故在 M 图中 HG 应平行于 FE，弯矩在 F 处突变，突变值刚好等于集中力偶 80kN·m。至于右端梁，因为 AC 段能局部保持平衡，故 CB 不再有任何内力。梁 AB 的平衡图如图 2.3-16(c)所示。

点评：定向支座往往是解题的切入点。此外，求解时应与几何组成相反的顺序进行求解，即先附属部分，后基本部分。

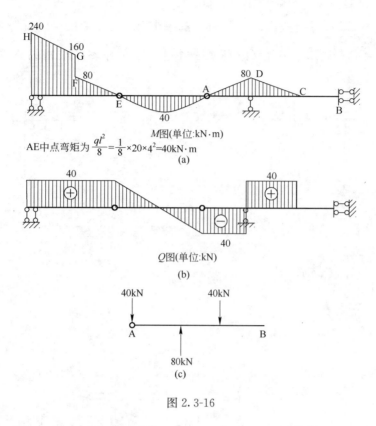

AE 中点弯矩为 $\dfrac{ql^2}{8}=\dfrac{1}{8}\times20\times4^2=40\,\text{kN}\cdot\text{m}$

(a) M 图(单位:kN·m)

(b) Q 图(单位:kN)

(c)

图 2.3-16

【例 2-14】 试绘出图 2.3-17 所示结构的内力图,并对 ECA 部分作平衡校核。(20 分,北京交通大学,2003)

解析: 本题解题的切入点在于 A 支座没有水平方向的反力,因此 AC 杆段上的弯矩图与 AC 应平行。而 BCD 部分对 ACE 部分的作用因铰 C 有两个作用力(没有弯矩),因此,当给出悬臂端 EC 的弯矩后,直接利用 C 处的结点弯矩平衡给出 $M_{CA}=M_{CE}$,于是 ECA 部分的弯矩图已经给出。因全部水平荷载由 B 支座承担,故 B 支座的水平反力为 $R_{Bx}=qL(\leftarrow)$,于是 BD 段的弯矩图可以画出来,然后利用 D 结点的弯矩平衡和 $M_{CD}=0$,叠加均布荷载作用绘制 CD 段的弯矩图。于是整个结构的弯矩已经画完,如图 2.3-18(a) 所示。

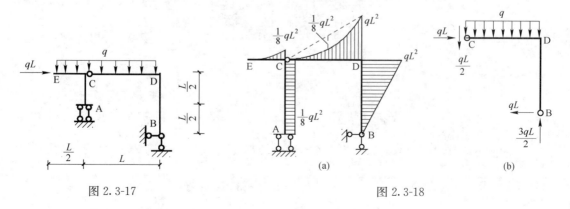

图 2.3-17

图 2.3-18

将 C 铰打开，取 BDC 为隔离体，由 BDC 的平衡可求 B 支座的竖向反力 $R_{By}=\frac{3}{2}qL(\uparrow)$ 和 C 铰处的约束力，如图 2.3-18(b) 所示。并进一步可作整个结构的 N 图与 Q 图以及 ECA 的局部平衡图，如图 2.3-19 所示。

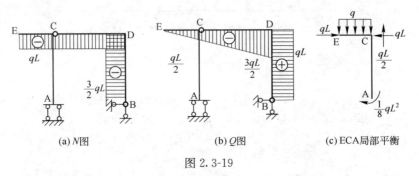

图 2.3-19

由 ECA 的局部平衡图可知，ECA 满足平衡条件。

【例 2-15】 求图 2.3-20 所示桁架指定杆件 a、b、c 的轴力。（12 分，哈尔滨工业大学，2001）

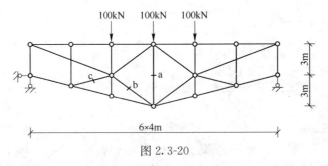

图 2.3-20

解析： 首先根据特殊结点，判断零杆，易知 c 为零杆，即 $N_c=0$ kN。结构去掉所有零杆后如图 2.3-21 所示，支座反力也已标注在图上。

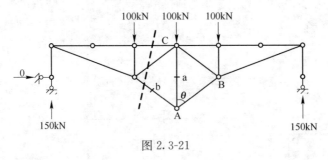

图 2.3-21

应用截面法沿图示虚线将结构截开，取右部分为隔离体，由 $\Sigma M_C=0$，可求得 $N_b=\frac{1750}{6}\approx 292$ kN（受拉）。由对称性，知杆件 AB 内力等于 N_b，然后由 A 结点的平衡即可求出杆 a 的内力 $N_a=-2N_b\cos\theta=-2\times\frac{1750}{6}\times\frac{3}{5}=-350$ kN（受压）。

点评：本题是截面法和结点法联合应用的例子，求解的关键在于快速判断零杆和对称性的利用。

【例 2-16】 求图 2.3-22 所示桁架 a、b 杆的内力。（4 分，哈尔滨工业大学，2002）

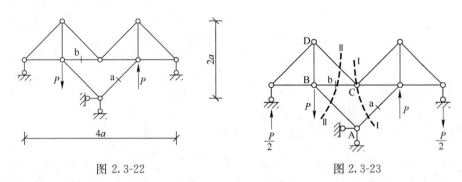

图 2.3-22   图 2.3-23

解析：本题为静定对称桁架结构在反对称荷载作用下的内力计算问题。由整体对中间支座处取矩的平衡，可知左右两个端部支座的反力均为 $\dfrac{P}{2}$，但方向相反，其形成的力偶为顺时针方向，刚好与荷载 P 形成的力偶方向相反。采用截面法沿图 2.3-23 所示的 I—I 截开，取右部分为隔离体，对 C 点取矩可知 a 杆的轴力为 0。根据对称性，可知 AB 杆内力也为 0，这样问题就变得简单多了。只需沿 II—II 截面截开，取左部分为隔离体，对 D 点取矩，则可知 b 杆内力 $N_b = \dfrac{P}{2}$（受拉）。

【例 2-17】 求图 2.3-24 所示桁架 1、2 杆的轴力。（10 分，清华大学，1994）

解析：题目标明是桁架结构，故结构内部各杆件相交的点不是刚结点，只是杆件的简单重叠。由整体平衡容易求出支座反力，如图 2.3-25(a) 所示。

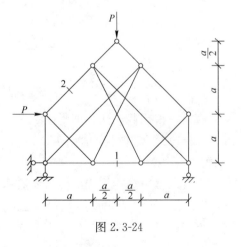

图 2.3-24

下面用截面法进行求解。为了求杆件 1、2 的内力，不妨把 1、2 截开。为了得到一个隔离体，一般的做法是把 AF 和 CF 杆截断。但这样有 4 个未知力，不好求解。这里只有截开一个截面后，能让两个未知力共线，才有可能给出解答。这里选择截开 EF 和 FD 杆，然后取左部分为隔离体，如图 2.3-25(b) 所示。N_3、N_4 共线，N_3 和 N_4 的延长线与 N_1 的延长线交于 O 点，与 N_2 的延长线交于 E 点。然后由 $\Sigma M_E = 0$ 求 N_1，由 $\Sigma M_O = 0$ 求 N_2。易知 $\angle AOE = 45°$，所以 OE 的长度为 $\sqrt{2} \times 2.5a$，故有：$N_1 = \dfrac{1}{2}P$，$N_2 = -\dfrac{\sqrt{2}}{3}P$。当然，也可以在求出 N_1 后，再由 $\Sigma M_C = 0$ 求 N_2。

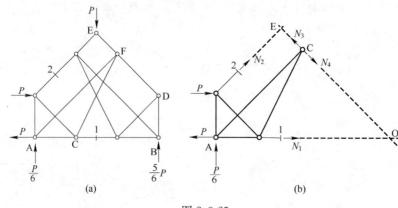

图 2.3-25

点评： 从几何组成上再来看这道题，结构最上方是一个二元体，去掉它便于几何组成分析。在余下的结构中，左边的两个三角形 [图 2.3-25(b)] 是一个无多余约束的几何不变体系，看成一个刚片；与之相应的右边也有这样的一个刚片，这两个刚片用三根杆件(1、2 及 FD)连接起来，形成一个按两刚片规则组成的联合桁架。对于联合桁架，解题的一般方法是截开连接两刚片的链杆或铰。这样不会对选取截面的巧妙有"可至而不可学"的感叹。

【例 2-18】 求图 2.3-26 所示结构指定杆件的内力。（14 分，武汉大学，2005）

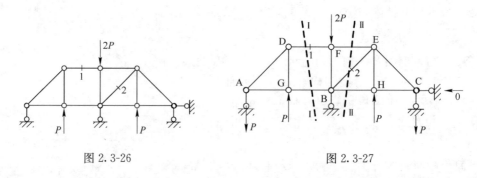

图 2.3-26　　　　　图 2.3-27

解析： 采用截面法，即沿图 2.3-27 所示 Ⅰ—Ⅰ方向将结构截开，取 ADG 为隔离体，由 $\Sigma M_A=0$ 求得杆件 1 的内力 $N_1=P$。再由 $\Sigma M_G=0$，可得 A 支座的反力，如图 2.3-27 所示。

然后以整个结构为隔离体，不难求出 C 支座的反力，如图 2.3-27 所示。最后沿 Ⅱ—Ⅱ 截开，取 EHC 为隔离体，则由 $\Sigma Y=0$，可求杆件 2 的内力 $N_2=0$。

点评： 对于一个隔离体，如果除了待求杆件的内力外，作用于隔离体上其他未知力相交于一点，则可用力矩的平衡求解；如果除了待求杆件的内力外，作用于隔离体上其他未知力互相平行，则以与平行杆垂直的方向合力为零进行求解。

【例 2-19】 求图 2.3-28 所示桁架的 a、b 杆的轴力。（20 分，华中科技大学，2004）

解析： 本题除了四个角点 A、B、K、N 外，其他每个结点都有四根杆件汇聚，直接应用结点法比较困难，故不妨试试截面法。

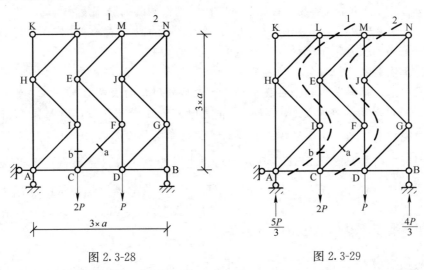

图 2.3-28　　　　　　　　　图 2.3-29

支座反力容易求出，如图 2.3-29 所示。沿截面 1 截开结构，取左部分为隔离体，则由 $\Sigma M_L=0$ 得 AC 杆内力 $N_{AC}=\dfrac{5}{9}P$；沿截面 2 截开结构，取右部分为隔离体，则由 $\Sigma M_M=0$ 得 CD 杆内力 $N_{CD}=\dfrac{4}{9}P$。取结点 C 为隔离体，由 $\Sigma X=0$ 知 $N_a=\dfrac{\sqrt{2}}{9}P$，由 $\Sigma Y=0$ 得 $N_b=\dfrac{17P}{9}$。

点评：本题选取截面的是"弯曲"的，至于为什么会想到这样选取界面，关键在于一个指导思想，那就是尽量让截面截开后除了一根杆件外，其他被截断的杆件相交或者平行。

【例 2-20】　求图 2.3-30 所示桁架各杆的内力。其中板面承受 3m 宽的水压力。（20 分，清华大学，2004）

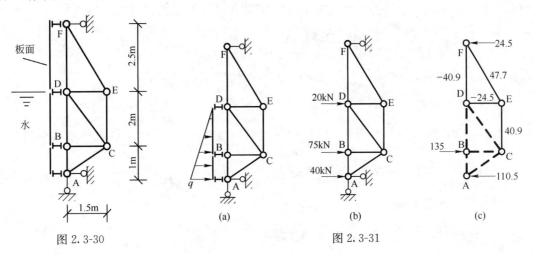

图 2.3-30　　　　　　　　　　　　　图 2.3-31

解析： 本题为间接荷载作用下桁架的内力计算问题。水压随着水深的增加而线性地增加，如图 2.3-31(a)所示，容易计算出底部的作用到板面的荷载集度 $q=\rho gh\times b=10^3\times 10\times 3\times 3=9\times 10^4\text{N/m}=90\text{kN/m}$。由此得知直接作用到桁架上的荷载如图 2.3-31(b)所示。接下来，可以采用桁架分析中的结点法或截面法进行求解。

点评： 上述解法中规中矩，计算量还不小，中间过程容易出错。若以 2.3-31(a)整个体系为研究对象，很容易求出全部支座反力。然后采用截面法或结点法，均可求出杆 FD、FE、DE、EC 的轴力。在求这四根杆件的轴力时，为减少计算量，因 B 点刚好与三角形分布荷载的形心处于同一水平线上，故可将三角分布水压力等效为一个集中力作用于 B 点 $\left(\dfrac{1}{2}q\times 3=135\text{kN}\right)$，如图 2.3-31(c)所示，这样进行荷载变换，受影响的只有 ABCD 这个几何不变局部中的杆件。而对杆 FD、FE、DE、EC 没有影响。这样至少能保证快速而准确地求出这几根杆件的内力，对余下的杆件 AB、AC、BC、BD、CD，仍需计算作用于结构上的集中荷载［即图 2.3-31(b)］才能给出内力。

【例 2-21】 求图 2.3-32 所示桁架 1、2 杆的内力。(20 分，北京交通大学，2006)

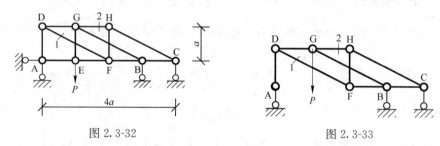

图 2.3-32　　　　　　　　　图 2.3-33

解法一： 本题支座有四个，无法直接由整体平衡求出全部支座反力，从几何组成上也无法用两刚片和三刚片进行分析，可以判断为一个复杂桁架，一般结点法和截面法在复杂桁架中很难奏效。为此，只有另辟蹊径。A 支座水平反力为 0，故 AE、EF 为零杆，且 GE 杆件的内力为 P。为便于分析，将零杆去掉，如图 2.3-33 所示。

由 G 点的平衡 $\Sigma Y=0$，可求 GB 杆件的内力 $N_{GB}=-\sqrt{5}P$；再由 B 点的平衡 $\Sigma Y=0$，知支座 B 的反力为 $-P$，负号表示支座 B 的反力方向与 P 的方向相反。以图 2.3-33 所示整体为隔离体，由 $\Sigma M_C=0$，得 AD 杆的内力(也是 A 支座的反力)为 $-\dfrac{P}{2}$，此时分别由 D 点和 G 点的平衡即可求出杆件 1、2 的内力：$N_1=\dfrac{\sqrt{5}}{2}P$，$N_2=P$。

解法二（通路法）：因为 E 结点为一个 X 形结点，故容易知道 GE 杆件内力为 P。设 1 杆的内力为 x，由 F 点的平衡知 FH 杆的内力为 $N_{FH}=-\dfrac{x}{\sqrt{5}}$，再由 H 点的平衡算出 2 杆的内力为 $N_2=\dfrac{2}{\sqrt{5}}x$，接着由 G 点的平衡求出 GD 杆的内力为 $N_{GD}=\dfrac{2}{\sqrt{5}}x-2P$，再由 D 点平衡知如下方程成立：

$$N_1\dfrac{2}{\sqrt{5}}+N_{GD}=0$$

即 $\frac{2x}{\sqrt{5}}+\frac{2}{\sqrt{5}}x-2P=0$。解出 x 得 $N_1=x=\frac{\sqrt{5}}{2}P$，$N_2=\frac{2}{\sqrt{5}}x=P$。

这个求解过程相对简单，而且两根杆件可以同时求解出来。用通路法解此题关键在于选取闭合回路 D→F→H→G→D。

解法三（代替杆法）：将 FH 拆开，代以一对作用力 N，这里 N 为原结构在荷载 P 作用下杆 FH 的轴力。为保持原结构的几何不变性质，加一根新的杆件 DE（用虚线表示），形成新结构，如图 2.3-34 所示。

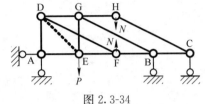

图 2.3-34

新结构是一个简单桁架，求解较为方便。为了使新结构各杆的内力与原结构一致，则新结构在 P 与 N 共同作用应使 DE 杆内力为 0。为此，首先要求出 N（未知）与 P（已知）单独作用下，各杆件的内力。

在 P 单独作用下，1、2 杆件为零杆，即 $N_{P,1}=N_{P,2}=0$，此外杆 HC、BC、AE 也为零杆。这样，桁架变为一个简支桁架，支座反力很容易求出，再由 D 点结点平衡求出 DE 杆内力为 $N_{P,DE}=\frac{2\sqrt{2}}{3}P$。

在 N 单独作用，令 $N=1$，求出单位荷载作用下各杆的内力 $\overline{N}_i$，则 N 作用下各杆的内力为 $N\times\overline{N}_i$。$N=1$ 时，由结点 H 的平衡可求出 2 杆的内力为 $\overline{N}_2=-2$，以及 HC 杆的内力 $\overline{N}_{HC}=-\sqrt{5}$。接着由 C 点平衡可求支座 C 的反力 $\overline{R}_C=1(\uparrow)$，又 AE 为零杆，故截断 AE 和 AD 杆，以截面右部分结构为隔离体，对 B 点取矩，可得 AD 杆的内力 $\overline{N}_{AD}=-\frac{1}{3}$。此时，由 F 点的平衡可求出 1 杆的内力为 $\overline{N}_1=-\sqrt{5}$，然后由 D 点的平衡求得 DE 杆内力为 $\overline{N}_{DE}=\frac{4\sqrt{2}}{3}$，由方程

$$N\times\overline{N}_{DE}+N_{P,DE}=0$$

可求出 $N=-\frac{P}{2}$。然后由公式 $N_i=N_{P,i}+N\times\overline{N}_i$ 求得杆件 1、2 的轴力。所得结果为 $N_1=\frac{\sqrt{5}}{2}P$，$N_2=P$。

【例 2-22】求图 2.3-35(a)所示桁架各杆的轴力及支座反力。(20 分，北京交通大学，2007)

解析：由整个结构在 X 方向的平衡知 $R_{Ax}=16(kN)(\leftarrow)$。下面先观察后分析：由 K 形结点 D 和 F 知，$N_{DE}=N_{CF}=-N_{DF}$，而由 C 结点平衡 $\Sigma X=0$ 知 $N_{CE}=N_{CF}$，所以 $N_{CE}=N_{DE}$，于是由结点 E 的平衡知 $N_{AE}=0$，且 $N_{CE}=N_{DE}=-10kN$，故 $N_{CE}=-10kN$，$N_{DE}=10kN$。接下来再由 A 结点平衡知支座 A 的反力 $R_{Ay}=0$，$N_{AD}=16kN$。

由 D 结点平衡知 $N_{DB}=0$。由 F 结点平衡知 $N_{FB}=-12kN$。故支座 B 的反力为 $R_B=12kN(\uparrow)$，于是由整体知 $R_C=12kN(\downarrow)$。如图 2.3-35(b)所示。

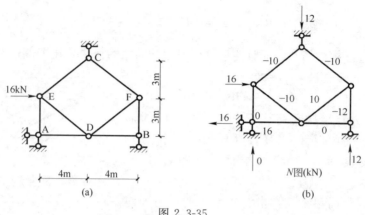

图 2.3-35

点评：本题是一个由结点法进行求解的典型案例，而求解的突破口在于找到 $N_{CE}=N_{DE}$ 的关系，进而可以由结点法进行求解。

【例 2-23】 求图 2.3-36 所示桁架 AF、CD、DH 杆的轴力。（同济大学，2002）

解析：首先分析结构的几何组成性质，将 AFG 看成刚片 1，GBH 看成刚片 2，DC 看成刚片 3，则它们按三刚片规则组成无多余约束的几何不变体系，即为静定结构。然后，以整个结构为隔离体，由 $\Sigma M_B=0$，求得 A 支座反力 $R_{Ay}=30\text{kN}(\uparrow)$。因为 AF 在荷载与 A 支座的反力下形成自平衡体系，由静定结构的局部平衡特性知：除了 AF 杆外，其他杆件内力均为 0。

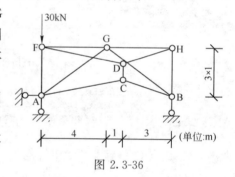

图 2.3-36

【例 2-24】 图 2.3-37 所示结构，各杆 EI 相同，杆长均为 l，P 作用在杆的中点且 $P=2ql$，弹簧的刚度系数为 k，试作 M 图。（20 分，北京交通大学，2007）

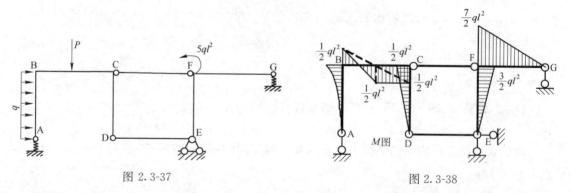

图 2.3-37　　　　　　　　图 2.3-38

解析：这是一个静定组合结构，虽然有两个弹簧，但支座移动对静定结构内力没有影响，故两个弹簧换成两个单链杆（活动铰支座）对静定结构内力没有影响（只改变结构的变形），如图 2.3-38 所示。基本部分为 EFG，附属部分为 ABCD，两部分通过两根二力杆 CF、

DE 连接起来。

先从附属部分开始,取 ABCD 折杆为隔离体,由 $\Sigma M_B=0$ 可求出杆 DE 的轴力 $N_{DE}=\frac{1}{2}ql$,然后由 $\Sigma X=0$ 得 $N_{CF}=-\frac{3}{2}ql$。这样 ABCD 部分可先从 A 开始绘制 AB 段的弯矩图,再从 D 开始绘制 DC 段的弯矩图,然后根据刚结点的性质,给出 BC 两端的弯矩,因为 P 作用点至 C 点没有剪力,故弯矩图应是水平线,连接 B 点弯矩和 P 作用点处的弯矩即可绘制整个 BC 段的弯矩图。

再看基本部分。以 EFG 折杆为隔离体,由 $\Sigma M_E=0$,求出 G 支座反力为 $R_G=\frac{7}{2}ql(\downarrow)$,然后从 G 点开始逐段绘制 GF、FE 杆的弯矩。最后结果如图 2.3-38 所示。

点评:本题主要应用快速画弯矩图的一些方法,并以中间两根二力杆为突破口,使整个问题求解得到简化。二力杆往往是问题快速求解的关键。

【**例 2-25**】 求解图 2.3-39 所示刚架,并作出 M 图。(15 分,同济大学,1999)

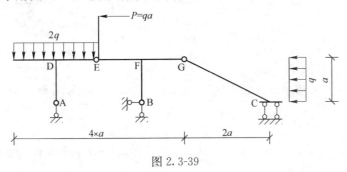

图 2.3-39

解析:先看几何组成,BFGC 为基本部分,ADE 为附属部分。求解顺序应先附属部分,后基本部分。

以附属部分 ADE 为隔离体,由 $\Sigma M_A=0$,容易求出 E 铰的两个约束力为 0,如图 2.3-40(a)所示。这意味着附属部分对基本部分没有影响,可单独求解。很容易即可作出附属部分的弯矩图。

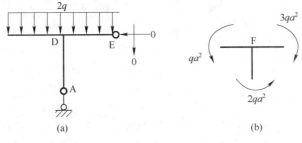

图 2.3-40

对于基本部分,悬臂段和 EF 段可快速给出弯矩图,即 $M_E=qa^2$,外荷载 P 与 EF 段平行,故 EF 段的弯矩图应是一条与 EF 平行的直线。再注意到整个结构只有支座 B 有水平方向的约束,故由整体平衡可知 $R_{Bx}=P+qa=2qa(\rightarrow)$,于是 BF 段的弯矩图也可绘出,

即 $M_{FB}=R_{Bx}a=2qa^2$。进而由刚结点 F 的平衡可求出 FG 杆 F 端的弯矩 $M_{FG}=3qa^2$，F 的平衡图见 2.3-40(b)。G 为铰结点，故 FG 段弯矩图也可作出，且 FG 杆 G 段的剪力为 $Q_{GF}=\dfrac{dM}{dx}=\dfrac{3qa^2}{a}=3qa(\downarrow)$。这样就只剩 GC 段了，只要求出 C 端的弯矩，问题就解决了。以 GC 段为隔离体，因 C 为滑动支座，由 $\Sigma X=0$ 得 G 端水平约束力 $R_{Gx}=qa(\rightarrow)$，而 $R_{Gy}=Q_{GF}=3qa(\uparrow)$。于是 C 端弯矩 $M_{CG}=qa^2+3qa\times3a-\dfrac{1}{2}qa^2=\dfrac{13}{2}qa^2$。最终弯矩图如图 2.3-41 所示。

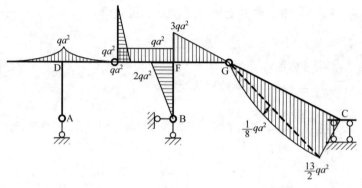

图 2.3-41

点评：本题不需全部求出支座反力，即可作弯矩图。ADE 局部自平衡和 C 支座无水平反力是突破口。

【例 2-26】 试作图 2.3-42(a)所示结构 M 图，并求轴力杆的轴力。（21 分，同济大学，2003）

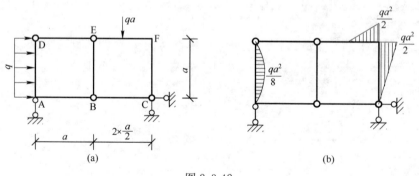

图 2.3-42

解析：这是一个静定组合结构，BE、DE 及 BC 均为二力杆。结构与大地相连接的只有三个约束，故由整体平衡可求支座反力，但对本题并不需要全部求出。由整体 $\Sigma M_C=0$，有支座 A 的反力 $R_A=0$。截断三根二力杆，取 BAD 部分为隔离体，于是

$$\Sigma Y=0 \Rightarrow N_{BE}=0$$

$$\Sigma M_D=0 \Rightarrow N_{BC}=-\dfrac{qa}{2}$$

$$\Sigma X=0 \Rightarrow N_{DE}=-\frac{qa}{2}$$

接下来分段绘制弯矩图即可。结构弯矩如图 2.3-42(b) 所示。

【例 2-27】 试求图 2.3-43 所示刚架的 M 图，并求出支座 B 的反力 R_B。(19 分，同济大学，2004)

解析：支座 B 的反力肯定沿 BE 方向，故 BE 杆段内只有轴力没有弯矩。由 E 结点的弯矩平衡，可知 $M_{ED}=0$，而 D 为一个铰，故 DE 段内弯矩也为 0。根据微分关系，有 DE 段内剪力也为 0。进而得知 CD 段内剪力为 0，弯矩也为 0。由结点 C 弯矩平衡，知 $M_{CA}=0$，于是 AC 段内弯矩全为 0。根据微分关系，可知 AC 段无剪力，即 A 支座水平反力 $R_{Ax}=0$。

设延长 BE 和 AC 交于 O 点，由整个结构的平衡 $\Sigma M_O=0$，有

$$R_I \times 6 + 12 \times 2 + 12 \times 4 - 3 \times 4 \times 4 = 0$$

于是有支座 I 的反力 $R_I=-4\text{kN}(\downarrow)$。再由整个结构的平衡 $\Sigma X=0$，可求出支座 B 的反力为 $R_B=24\sqrt{2}(\nwarrow)$。前面已经分析过，DE 段内没有剪力，于是取 DBEGGI 为隔离体，由 $\Sigma Y=0$，可求出 GH 段 G 端的剪力 $Q_{GH}=3\times4+4-24\sqrt{2}\times\frac{\sqrt{2}}{2}=-8\text{kN}$。于是杆 CFG、GH、HI 的弯矩图可以绘出。进而由 H 结点的弯矩平衡，可绘制 HE 段的弯矩，结果如图 2.3-44 所示。

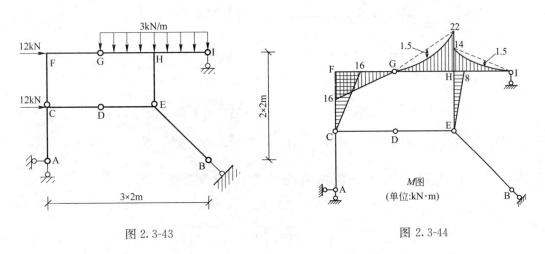

图 2.3-43   图 2.3-44

点评：本题看似复杂，但分析清楚 BE 杆的受力状态后，便有了突破口，进而可以判断 A 支座的水平反力为 0。整个求解过程需熟练应用微分关系和结点弯矩平衡。

【例 2-28】 求图 2.3-45 所示刚架的弯矩图。(9 分，西南交通大学，2004)

解析：DE 段弯矩容易绘制出，接下来绘制基本部分 ABC 刚架的弯矩。全部水平荷载由支座 B 承担，故 $R_{Bx}=5\text{kN}(\rightarrow)$。以 BGC 为隔离体，由 $\Sigma M_C=0$ 可求出 $M_B=20\text{kN}\cdot\text{m}$（顺

时针)。由 BG 杆无轴向力知，CG 剪力为 0，即 CG 段弯矩图斜率为 0。铰 C 处 $M_C=0$，可知 $M_{GC}=0$。由结点 G 的平衡得出：$M_{GB}=M_{GC}=0$。至此，BGC 杆的弯矩可以绘出。由 C 点平衡，知 CF 段弯矩亦为 0；再由 F 结点弯矩平衡，得出 $M_{FE}=0$。另一方面，因为 A 支座没有水平反力，且 DE、FC 均没有轴力，故 AE、EF 段内剪力均为 0，弯矩图应当平行于杆轴。由 $M_{FE}=0$ 知，$M_{EF}=0$；由 E 结点弯矩平衡，得出 $M_{EA}=M_{AE}=10\text{kN}\cdot\text{m}$。于是整个结构的弯矩可以给出，如图 2.3-46 所示。

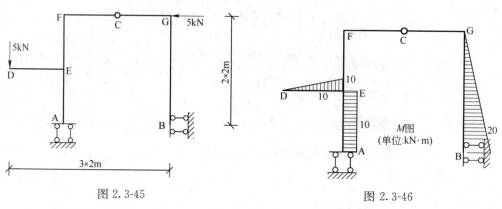

图 2.3-45　　　　　　图 2.3-46

【例 2-29】 做图 2.3-47 所示结构的内力图(杆 BC 与 CD 刚结)。(20 分，浙江大学，2005)

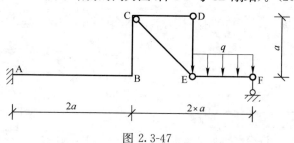

图 2.3-47

解析：先看几何组成，基本部分为 ABCD，然后加二元体 CED 和 EF 构成。先求附属部分，取 EF 为隔离体，容易求得杆件 CE、DE 内力为 $N_{CE}=0$，$N_{DE}=\dfrac{qa}{2}$ 以及支座 F 的反力 $R_F=\dfrac{qa}{2}(\uparrow)$。从而可快速绘制弯矩图、剪力图和轴力图如图 2.3-48 所示。

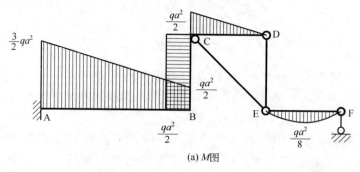

(a) M 图

图 2.3-48(一)

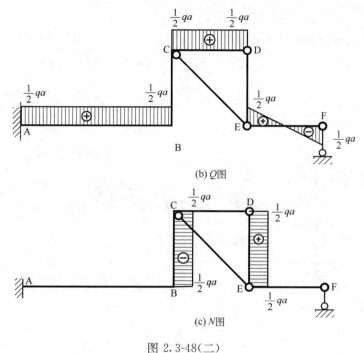

(b) Q图

(c) N图

图 2.3-48(二)

【例 2-30】 求图 2.3-49 所示组合结构二力杆的轴力,并绘出梁式杆的弯矩图。(20 分,天津大学,1999)

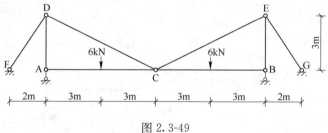

图 2.3-49

解析: 这是一个对称静定结构在对称荷载作用下的内力分析问题。以 A 结点为隔离体,由 $\Sigma X=0$,知 AC 杆轴力 $N_{AC}=0$。由对称性知 CB 杆轴力也为 0。再以 AC 杆为隔离体,由 $\Sigma M_A=0$,可求出 AC 杆 C 端剪力 $Q_{CA}=-3$kN,由对称性知 CB 杆 C 端剪力 $Q_{CB}=3$kN。C 结点受力如图 2.3-50(a)所示。DC 与 EC 杆内力相等,因此 $N_1=N_2$,由结点 C 的 Y 方向平衡有 $2N_1 \times \dfrac{1}{\sqrt{5}}-6=0$,于是 $N_1=N_2=3\sqrt{5}$kN。

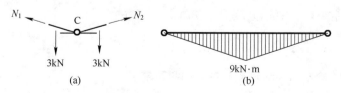

图 2.3-50

进而由结点 D 的平衡求出 FD 和 AD 杆的轴力：$N_{FD}=3\sqrt{13}\text{kN}$，$N_{AD}=-12\text{kN}$。梁式杆件 AC、BC 的弯矩图如图 2.3-50(b)所示。

点评：实际上 AC 和 BC 杆就是简支梁。故无需求解，即可绘制其弯矩图。

【例 2-31】 已知结构的 M 图（图 2.3-51），作其 Q 图。$P=10\text{kN}$，$q=10\text{kN/m}$。（6 分，哈尔滨工业大学，2006）

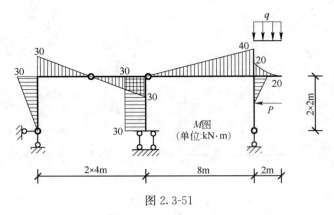

图 2.3-51

解析：根据微分关系 $Q=\dfrac{\text{d}M}{\text{d}x}$，即剪力的大小等于 M 图的斜率，剪力的符号应根据杆端弯矩平衡进行校核。以结构最左边的竖杆为例，M 图的斜率为 $30/4=7.5$，即剪力的大小为 7.5kN。再来看杆件靠下部支座一端剪力的方向，因上端外侧受拉，故剪力应使杆件逆时针旋转才能平衡，所以剪力应为 -7.5kN。同理，可画出其他杆段的剪力图。如图 2.3-52 所示。

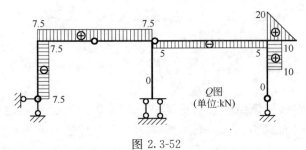

图 2.3-52

【例 2-32】 试根据结构的弯矩图（图 2.3-53）给出结构所受荷载并绘出结构的变形曲线。（20 分，北京交通大学，2004）

解析：在［例 2-31］中，荷载是已知的，本题的难度在于只有弯矩图，要推出结构所受荷载，这是典型的反问题。

因 AB 与 BC 的弯矩图为斜直线，杆段内只可能有与杆轴重合的力作用，而杆端的荷载需要根据受力平衡确定。

因 B 点有弯矩突变，突变值为 $20\text{kN}\cdot\text{m}$，故 B 点应

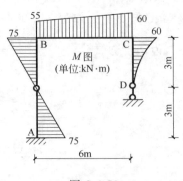

图 2.3-53

作用大小为 20kN·m 的弯矩，其方向根据 B 结点的弯矩平衡可确定为顺时针方向。

注意到 DC 段弯矩图为二次曲线（向左凸），且弯矩图在 D 点的切线与 DC 杆重合，故 DC 在水平方向上只受方向向左的均布荷载作用。均布荷载大小根据 C 点的弯矩 $\frac{1}{2}ql^2=\frac{1}{2}q\times 3^2=60$ 确定，即 $q=\frac{40}{3}$ kN/m，可得 DC 杆 C 端的剪力为 $Q_{CD}=40\text{kN}(\rightarrow)$。

根据 AB 段的弯矩图，可确定 AB 杆 A 端的剪力为 $Q_{BA}=-150/6=-25\text{kN}(\leftarrow)$。

此时，将 BC 作为隔离体取出来进行分析，目前已知受力如图 2.3-54 所示。先不用管 N_1 与 N_2 的大小，显然隔离体在 X 方向上不平衡，因此 BC 杆上应有一个大小为 15kN，方向向右的集中力，作用点可以是 BC 上任意一点。

假设目前已知荷载为所有荷载，以 BCD 为隔离体，对 AB 中间的铰处取矩应等于 0，即 $R_D\times 6+40\times 1.5-15\times 3-20=0$，可求出 $R_D=\frac{5}{6}(\uparrow)$，正好等于 BC 段弯矩图的斜率，说明 DC 段轴线方向不可能再有别的荷载作用。至此，DC 与 BC 段上的荷载完全确定。

再看 AB 段，杆件的轴力尚未确定，实际上 AB 杆的轴力可以等于任意值，对整个结构的弯矩图没有影响，也就是说杆 AB 上可以作用任意大小，作用点也任意的荷载。至此，全部杆段分析完毕。图 2.3-55(a)给出了一种受力情况。

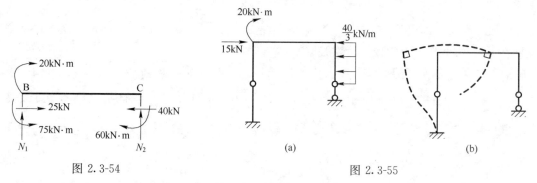

图 2.3-54　　　　　　　　　　　图 2.3-55

接下来我们来分析结构的变形曲线，在此仅作定性分析。

首先"定点"：从支座 A 入手，变形曲线在此处的切线方向必须与杆轴重合。AB 段内的中间铰是一个反弯点，即变形曲线拐点。若忽略轴向变形，则 B、C 两点没有竖向的位移，D 点也没有竖向位移，只能水平移动。

然后"定角"：B、C 两点是刚结点，变形后保持直角不变。

最后"定线"：A 到中间铰之间的杆段内侧受拉，中间铰到 B 处外侧受拉，BC 杆外侧受拉，CD 杆外侧受拉。变形曲线应向受拉一侧"凸出"。

根据以上分析，最后得到变形曲线如图 2.3-55(b)所示，画得夸张了点，但基本上反映了曲线的变形形状。

点评：由以上的分析可以看出，由弯矩图反推荷载的答案一般是不唯一的，因为轴力和剪力图并没有给出。最后还应校核在所求得的荷载作用下，弯矩图是不是与给定的弯矩图一致。

【**例 2-33**】已知某连续梁的弯矩图如图 2.3-56 所示（单位：kN·m），求支座 B 处的

反力。(15分,河海大学,2007)

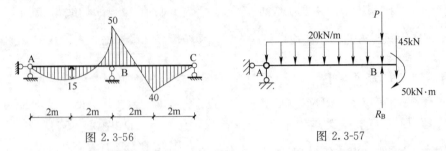

图 2.3-56   图 2.3-57

解析：本题虽为超静定结构，但是利用本章的知识可以求解。欲求B支座的反力，若以结点B的平衡来求，则必须知道B点两侧的剪力和作用在B支座上的集中荷载大小；若以整个结构或结构的某个局部杆段的平衡来求，就必须知道结构或杆段上的荷载。为此，确定荷载是关键一步。在此，我们以AB段为隔离体，通过AB段的平衡来求支座B的反力。首先，除了端点外，AB段上应只有方向向下的均布荷载作用，大小由 $\frac{1}{8}ql^2 = \frac{1}{8}q \times 4^2 = 15 + 25$ 确定，即 $q=20$kN/m。而B截面右侧的剪力大小根据微分关系可求得：$Q=(50+40)/2=45$kN，方向为使杆段逆时针旋转的方向。于是AB段的受力如图2.3-57所示。

由 $\Sigma M_A=0$，即 $(R_B-P) \times 4 - 45 \times 4 - 50 - 20 \times 4 \times 2 = 0$，可得 $R_B-P=97.5$kN，其中P为任意大小的集中荷载，所以答案不唯一。

点评：上述求解不考虑BC段具体的荷载形式，如果要考虑的话，则BC中部有集中荷载，其大小F由 $\frac{Fab}{l}=\frac{F \times 2 \times 2}{4}=40+25$ 确定，即 $F=65$kN，方向向下。需要说明的是本题求出全部荷载后，读者可用力法反过来验证弯矩图。若所得到的弯矩图并不是如图2.3-56所示的弯矩，说明还有其他因素作用。比如支座B向上移动 $\frac{30}{EI}$，其中 EI 为杆件抗弯刚度，则在所求得的荷载以及该支座移动下，结构的弯矩图与图2.3-56一致。当然支座B的反力仍然是97.5kN，这是结构保持平衡所保证的。

第 3 章 静定结构位移计算

3.1 基本内容

本章主要介绍静定结构在外部因素作用下引起的结构的位移计算问题。内容包括：变形体系的虚功原理；虚功原理的一种应用形式，即虚力原理；结构位移计算的一般公式；位移计算一般公式在荷载、支座移动、温度改变以及制造误差单独作用下的具体计算；图乘法；线弹性结构的互等定理等。

3.2 要点与注意事项

3.2.1 深刻理解静定结构位移计算一般公式的物理意义

可以这样讲，结构力学一本书的内容可以最后凝炼为一个公式，这个公式就是静定结构位移计算的一般公式；反之，将静定结构位移计算的一般公式展开，就可以编写出各种具有不同特色(或主线)的结构力学教程。

静定结构位移计算的一般公式可表述如下：

$$\Delta_k = \Sigma\left(\int \overline{N} du + \int \overline{Q}\gamma ds + \int \overline{M} d\varphi\right) - \Sigma \overline{R}c \tag{3.2-1}$$

其中 Δ_k 为结构中 K 点沿 $k-k$ 方向的位移(如图 3.2-1 所示)；$\overline{N}$、$\overline{Q}$、$\overline{M}$、$\overline{R}$ 分别为单位荷载作用下结构中的轴力、剪力、弯矩和支座反力；du、γds、$d\varphi$、c 分别为外部因素引起的结构中杆件微段的轴向变形、横向变形、弯曲变形和支座位移。

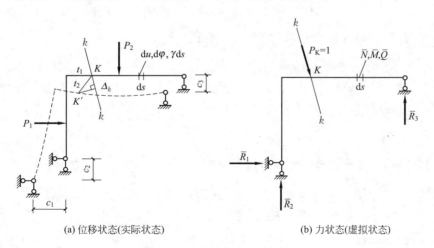

图 3.2-1 静定结构位移计算

静定结构位移计算公式(3.2-1)的一般性表现在：

（1）从位移种类看：既可以求线位移，也可以求角位移；既可以求相对线位移，也可以求相对角位移；

（2）从变形因素看：既可以求通俗意义上荷载引起的位移，也可以求温度改变、支座移动、制作误差等引起的位移；

（3）从结构类型看：既可以求梁中的位移，也可以求刚架、桁架、拱、组合结构等其他杆件结构中的位移；

（4）从静定性看：结构既可以是静定的，也可以是超静定的；

（5）从材料性质看：结构既可以是弹性的，也可以是非弹性的；

（6）从变形类型看：包括了弯曲变形、拉(压)变形、剪切变形。

利用公式(3.2-1)所求 Δ_k，若其为正，表示所求位移方向与假设的单位力方向一致；若其为负，表示所求位移方向与假设的单位力方向相反。

为进一步理解公式(3.2-1)的一般性，将杆件的变形按引起变形的原因对其分解，可得如下形式：

$$\begin{aligned}\Delta_k &= -\Sigma \overline{R}c + \Sigma \int \overline{N} \mathrm{d}u + \Sigma \int \overline{Q} \mathrm{d}v + \Sigma \int \overline{M} \mathrm{d}\varphi \\ &= -\Sigma \overline{R}c + \Sigma \int \overline{N}[(\mathrm{d}u)_P + (\mathrm{d}u)_t + (\mathrm{d}u)_\delta] \\ &\quad + \Sigma \int \overline{Q}[(\mathrm{d}v)_P + (\mathrm{d}v)_t] + \Sigma \int \overline{M}[(\mathrm{d}\varphi)_P + (\mathrm{d}\varphi)_t]\end{aligned}$$

其中$(\cdot)_P$代表外荷载引起的变形，$(\cdot)_t$代表温度改变引起的变形，$(\cdot)_\delta$代表制作误差引起的变形。将这些变形的具体计算式带入，并归类，上式可变为：

$$\begin{aligned}\Delta_k &= -\Sigma \overline{R}c + \Sigma \int \overline{N}(\mathrm{d}u)_P + \Sigma \int \overline{Q}(\mathrm{d}v)_P + \Sigma \int \overline{M}(\mathrm{d}\varphi)_P \\ &\quad + \Sigma \int \overline{N}(\mathrm{d}u)_t + \Sigma \int \overline{M}(\mathrm{d}\varphi)_t + \Sigma \int \overline{N}(\mathrm{d}u)_\delta \\ &= -\Sigma \overline{R}c + \Sigma \int \frac{\overline{N}N_P}{EA}\mathrm{d}s + \Sigma \int \frac{k\overline{Q}Q_P}{GA}\mathrm{d}s + \Sigma \int \frac{\overline{M}M_P}{EI}\mathrm{d}s \\ &\quad + \Sigma \alpha t_0 \omega_{\overline{N}} + \Sigma \frac{\alpha \Delta t}{h}\omega_{\overline{M}} + \Sigma \overline{N}\Delta \\ &= \Delta_{KC} + \Delta_{KP} + \Delta_{Kt} + \Delta_{K\delta}\end{aligned}$$

其中 k 为截面的形状系数，Δ_{KC}、Δ_{KP}、Δ_{Kt} 和 $\Delta_{K\delta}$ 分别表示支座移动、荷载、温度改变和制作误差对所求位移的贡献，其他符号含义不多述。由此可见结构位移计算公式(3.2-1)的一般性。

3.2.2 荷载作用下位移计算的一般公式及其简化

在荷载单独作用下，位移计算的一般公式为：

$$\Delta_{KP} = \Sigma \int \frac{\overline{N}N_P}{EA}\mathrm{d}s + \Sigma \int \frac{k\overline{Q}Q_P}{GA}\mathrm{d}s + \Sigma \int \frac{\overline{M}M_P}{EI}\mathrm{d}s \qquad (3.2\text{-}2a)$$

对梁和刚架，可只考虑弯曲部分的影响，有：

$$\Delta_{KP}=\Sigma\int\frac{\overline{M}M_P ds}{EI} \tag{3.2-2b}$$

对桁架，只有轴力的影响：

$$\Delta_{KP}=\Sigma\int\frac{\overline{N}N_P ds}{EA} \tag{3.2-2c}$$

对组合结构，结构中受弯杆件采用式(3.2-2b)，而二力杆采用式(3.2-2c)，则有：

$$\Delta_{KP}=\Sigma\int\frac{\overline{M}M_P ds}{EI}+\Sigma\int\frac{\overline{N}N_P ds}{EA} \tag{3.2-2d}$$

3.2.3 图乘法

对荷载作用下的位移计算公式(3.2-2b)，通常采用图乘法进行计算，即：

$$\int\frac{\overline{M}M_P}{EI}ds=\frac{1}{EI}\omega y_c \tag{3.2-3}$$

应用上式进行计算时，必须满足以下条件：(1)等截面直杆，EI 为常数；(2)两个 M 图中至少有一个是直线；(3) y_c 应取自直线图中，而面积 ω 可以取直线图也可以取曲线图的面积。

若 ω 与 y_c 在杆件的同侧，ωy_c 取正值；反之，取负值。如图形较复杂，可分解为简单图形再行叠加。在求二次抛物线的面积和形心位置时(如图3.2-2)，要注意只有曲线在顶点处的切线与基线平行时，才是标准图形，否则，应对图形进行分解。

如图 3.2-3(a)所示悬臂梁受均布荷载，其荷载作用下的弯矩图如图 3.2-3(b)所示。若求图 3.2-3(a)梁中竖向线位移，可对 M_P 图左半部分做如图 3.2-3(c)的分解，其机理如图 3.2-3(d)所示。此时图 3.2-3(c)中的抛物线才是标准二次抛物线。

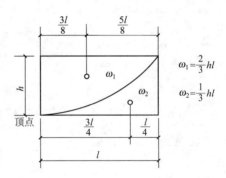

图 3.2-2 二次抛物线

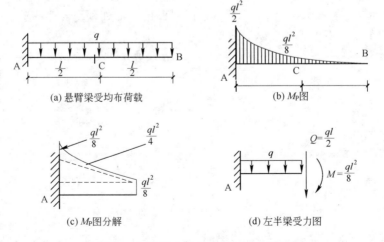

图 3.2-3 悬臂梁在均布荷载下的位移计算

3.2.4 静定结构支座移动引起的位移计算

图 3.2-4 为仅有支座移动时，求解结构中线位移的实际位移状态和单位力状态。

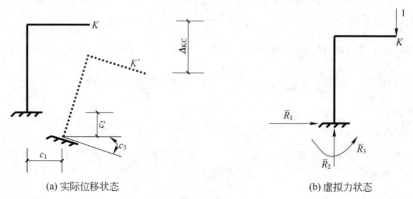

(a) 实际位移状态   (b) 虚拟力状态

图 3.2-4 支座移动引起的位移计算

此时，位移计算的一般公式简化为：

$$\Delta_k = \Sigma \int (\overline{N} du + \overline{Q} dv + \overline{M} d\varphi) - \Sigma \overline{R} c$$

$$= -\Sigma \overline{R} c = \Delta_{K\delta} \qquad (3.2\text{-}4)$$

在应用式(3.2-4)时，需注意两个符号。一是求和符号前面的"—"号，它是由虚功方程移项所至，往往容易丢掉；另一个就是单位荷载作用下每个支反力在其相应位移上所做之功 $\overline{R}c$，$\overline{R}$ 的方向与相应支座位移 c 的方向一致时 $\overline{R}c$ 为正，反之为负。

当结构既受荷载作用，又有支座移动时，可由下式计算位移：

$$\Delta_k = -\Sigma \overline{R} c + \Sigma \int \frac{\overline{N} N_P}{EA} ds + \Sigma \int \frac{k \overline{Q} Q_P}{GA} ds + \Sigma \int \frac{\overline{M} M_P}{EI} ds$$

$$= \Delta_{KC} + \Delta_{KP} \qquad (3.2\text{-}5)$$

在应用式(3.2-5)时，还可依据结构的具体形式，进一步考虑是否可以略去轴向变形和(或)剪切变形的影响。另外，当结构中具有弹簧(或弹性杆)支座时，可先求得荷载作用下弹簧(或弹性杆)的变形，进而把弹簧(或弹性杆)的变形处理为支座移动。

例如，已知 E、I 和 A 为常数，求图 3.2-5(a)中 C 点的竖向位移。

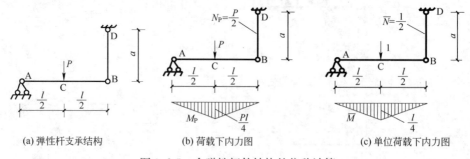

(a) 弹性杆支承结构   (b) 荷载下内力图   (c) 单位荷载下内力图

图 3.2-5 含弹性杆件结构的位移计算

解析：荷载和单位荷载作用下的内力图如图 3.2-5(b)和图 3.2-5(c)所示。由图 3.2-5(b)

可求得弹性支承 BD 杆的伸长为 $c=\dfrac{Pa}{2EA}$，该伸长量可认为是支座 B 处向下发生的支座位移。另外，由图 3.2-5(c)可求得弹性支承 BD 杆的内力(也即支座反力)$\overline{R}=\overline{N}=\dfrac{1}{2}$(受拉)。AB 杆弯曲变形引起 C 点的竖向位移可由图乘法求得。由此可得 C 点竖向位移为：

$$(\Delta_C)_y = \Sigma\int \dfrac{\overline{M}M_P}{EI}ds - \Sigma\overline{R}c$$

$$= \dfrac{2}{EI}\left[\left(\dfrac{1}{2}\times\dfrac{l}{2}\times\dfrac{Pl}{4}\right)\times\dfrac{2}{3}\times\dfrac{l}{4}\right] - \left(-\dfrac{1}{2}\times\dfrac{Pa}{2EA}\right) = \dfrac{Pl^3}{48EI} + \dfrac{Pa}{4EA} \quad (3.2\text{-}6)$$

该问题的求解，也可将图 3.2-5(a)所示结构视为组合结构，由组合结构的位移计算公式(3.2-2d)求得如下：

$$(\Delta_C)_y = \Sigma\int \dfrac{\overline{M}M_P ds}{EI} + \Sigma\int \dfrac{\overline{N}N_P ds}{EA}$$

$$= \dfrac{2}{EI}\left[\left(\dfrac{1}{2}\times\dfrac{l}{2}\times\dfrac{Pl}{4}\right)\times\dfrac{2}{3}\times\dfrac{l}{4}\right] + \dfrac{1}{EA}\times\dfrac{1}{2}\times\dfrac{P}{2}\times a = \dfrac{Pl^3}{48EI} + \dfrac{Pa}{4EA}$$

另外，若已知弹簧刚度 $k=\dfrac{EA}{a}$，求图 3.2-6 所示梁中 C 点竖向位移。求解此问题时，需要先求出荷载作用下弹簧的反力为 $\dfrac{P}{2}$(受压)，进而可求得弹簧的压缩量 $c=\dfrac{P}{2k}=\dfrac{Pa}{2EA}$，此即梁在 B 端发生的支座位移(向下)。再求出梁 AB 在荷载和单位荷载作用下的弯矩图[如图 3.2-5(b)和图 3.2-5(c)所示]，以及单位荷载作用下弹簧中的反力 $\overline{R}=\dfrac{1}{2}$(向上)，即可利用公式(3.2-5)求得 C 点竖向位移如式(3.2-6)所示。

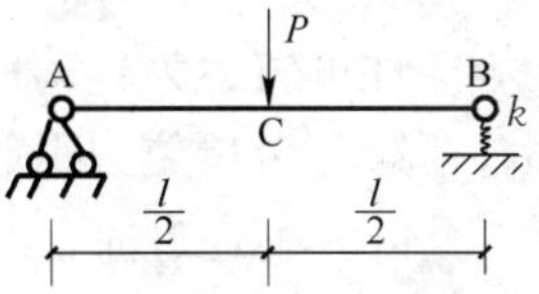

其实，上述为同一问题，只是从三个不同的角度进行了求解。

图 3.2-6　含弹簧支承结构

3.2.5　静定结构温度改变引起的位移计算

对等截面直杆，设温度沿杆件截面厚度线性变化，则仅有温度改变时引起的梁和刚架的位移计算公式可表示为：

$$\Delta_{Kt} = \Sigma\alpha t_0\omega_{\overline{N}} + \Sigma\dfrac{\alpha\Delta t}{h}\omega_{\overline{M}} \quad (3.2\text{-}7a)$$

其中 t_0 和 Δt 分别为杆轴温度以及上、下边缘的温差，$\omega_{\overline{N}}$ 和 $\omega_{\overline{M}}$ 分别为单位荷载下轴力图和弯矩图的面积。若温度以升高为正，则轴力以拉为正；若 $\overline{M}$ 和 Δt 使杆件的同一边产生拉伸变形，其乘积为正，反之为负。

对桁架结构，仅有轴力的影响，位移计算公式简化为：

$$\Delta_{Kt} = \Sigma\alpha t_0\overline{N}l \quad (3.2\text{-}7b)$$

应注意的是，对梁和刚架这些以受弯为主的结构，有温度变化时，温度变化引起的轴向变形对位移的贡献[即式(3.2-7a)的第一项]，不应丢掉。

例如，求荷载、支座移动和温度改变共同作用下，图 3.2-7(a)所示刚架中 C 点的水平位移 Δ_{Cx}，材料的线膨胀系数为 α。

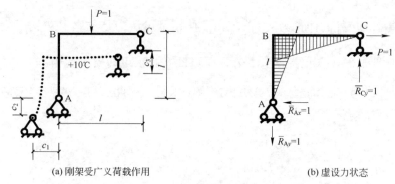

(a) 刚架受广义荷载作用   (b) 虚设力状态

图 3.2-7　结构在广义荷载共同作用下的位移计算

解析：单位荷载作用下的支座反力、杆件轴力以及弯矩如图 3.2-7(b) 所示，在求得 t_0 和 Δt 后，可得所求位移如下：

$$\Delta_{Cx} = \frac{Pl^3}{16EI} - (C_1 + C_2 - C_3) + 10\alpha l\left(1 + \frac{l}{h}\right)$$

3.2.6　线弹性结构的互等定理

主要有功的互等定理、位移互等定理、反力互等定理和反力位移互等定理，其中后三个互等定理均可由功的互等定理得到。

在叙述互等定理时，需注意力的作用点、方向以及位移的方向。以简支梁为例，位移互等定理可叙述为：第二个单位力引起的第一个单位力作用点处沿第一个单位力方向的位移等于第一个单位力引起的第二个单位力作用点处沿第二个单位力方向的位移。

此外，能通过简单的例子说明一个问题，才能真正理解此问题。如，在介绍反力位移互等定理时，许多教科书使用的是两端固支梁，其实，用简支梁说明反力位移互等定理会更直观。如，对图 3.2-8(a) 所示简支梁，在梁中 2 点作用单位集中力时(向下)，在支座 1 处产生的支反力 $r_{12} = \frac{1}{2}$(向上)。另，对图 3.2-8(b) 所示简支梁，在支座 1 处向上发生单位位移时，引起梁中 2 点发生竖直向上的位移 $\frac{1}{2}$，反力位移互等定理为 $r_{12} = -\delta_{21} = \frac{1}{2}$。此时 $\delta_{21} = -\frac{1}{2}$，其"—"表示图 3.2-8(b) 中 1 点处的位移方向与图 3.2-8(a) 中 1 点处反力的方向一致(均为向上)时，图 3.2-8(b) 中 2 点处的位移方向与图 3.2-8(a) 中 2 点处作用力的方向相反。

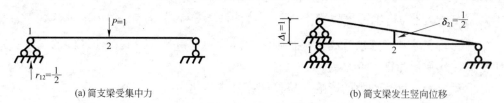

(a) 简支梁受集中力   (b) 简支梁发生竖向位移

图 3.2-8　反力位移互等定理示意图

3.3　真题解析

【例 3-1】 如图 3.3-1(a) 所示，求出节点 B 的竖向位移，其中杆 DE 两端铰接；其截

面面积为 $A=\dfrac{I}{a^2}$。(同济大学,1991)

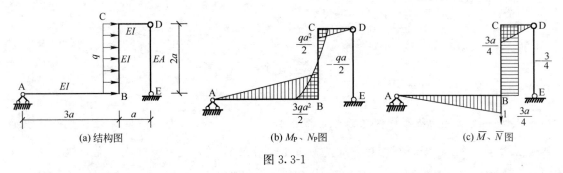

图 3.3-1

解析：此题属荷载作用下组合结构的位移计算问题。先求荷载和单位力作用下结构的弯矩和轴力。荷载作用下的 M_P、N_P 图如图 3.3-1(b)所示；单位荷载下的 $\overline{M}$、$\overline{N}$ 图如图 3.3-1(c)所示。B 点的竖向位移可求得如下：

$$\Delta_B = \Sigma \int \dfrac{\overline{M}M_P}{EI} ds + \Sigma \int \dfrac{\overline{N}N_P}{EA} ds$$

$$= \left[\left(-\dfrac{1}{2} \cdot \dfrac{3}{2}qa^2 \cdot 3a \cdot \dfrac{2}{3} \cdot \dfrac{3}{4}a\right) + \left(-\dfrac{3}{4}a \cdot \dfrac{1}{2} \cdot 2qa^2 \cdot 2a\right) + \left(\dfrac{1}{2}qa^2 \cdot 2a \cdot \dfrac{3}{4}a\right) \right.$$

$$\left. + \left(\dfrac{2}{3} \cdot \dfrac{1}{2}qa^2 \cdot 2a \cdot \dfrac{3}{4}a\right) + \dfrac{1}{2} \cdot \dfrac{1}{2}qa^2 \cdot a \cdot \dfrac{2}{3} \cdot \dfrac{3}{4}a\right) \right] / (EI)$$

$$+ \left(-\dfrac{1}{2}qa\right) \cdot \left(-\dfrac{3}{4}\right) \cdot 2a / (EA)$$

$$= -\dfrac{qa^4}{2EI}(\uparrow)$$

注：此处 BC 段 M_P 图计算时分解成了三角形、矩形和抛物线三部分的叠加。

【例 3-2】 如图 3.3-2(a)，求图示结构的 M、N 图，并求节点 B 的水平位移。(同济大学,1998)

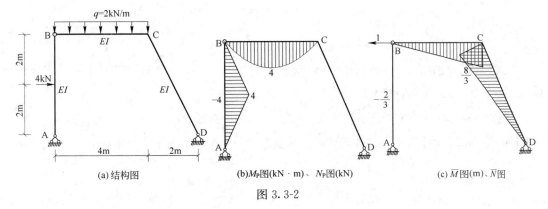

图 3.3-2

解析：此题属荷载作用下刚架的位移计算问题。在 B 点加水平向右的单位力后，对 D 点取力矩平衡可以得到 AB 杆的轴力为 $\overline{N}_{AB} = \dfrac{2}{3}$，进而可以得到如图 3.3-2(b)和图 3.3-2(c)所示的荷载和单位力作用下的弯矩图和轴力图。因此，在考虑 AB 杆轴力对变形的影响时，B 点的水平位移可求得为：

$$\Delta_B = \Sigma \int \frac{\overline{M}M_P}{EI}ds + \Sigma \int \frac{\overline{N}N_P}{EA}ds$$

$$= \frac{1}{EI} \times \frac{2}{3} \times 4 \times 4 \times \frac{1}{2} \times \frac{8}{3} + \frac{1}{EA} \times \left(-\frac{2}{3}\right) \times (-4) \times 4$$

$$= \frac{128}{9EI} + \frac{32}{3EA}(\leftarrow)$$

点评：设刚架的所有杆件均为矩形截面杆，宽、高分别为 b 和 h，不难证明，B 点的水平位移中，AB 杆轴向变形的贡献是弯曲变形贡献的 $\frac{16}{h^2}$ 分之一。可见，在工程上该部分变形可忽略不计。因此，对刚架结构，当某个杆件只有轴力对所求位移有贡献时，该贡献也可忽略不计，此时，该杆件相当于被简化为刚性杆。在结构位移计算中，要考虑哪些因素的影响，主要是个精度问题。

【**例 3-3**】 如图 3.3-3(a)，欲使 A 点的竖向位移与正确位置相比误差不超过 0.6cm，杆 BC 长度的最大误差 $\lambda_{max} = $ _____，设其他各杆保持精确长度。（大连理工大学，2000）

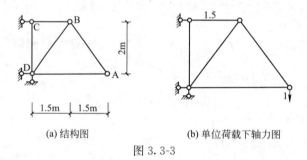

(a) 结构图　　　　　　　　(b) 单位荷载下轴力图

图 3.3-3

解析：本题属制造误差引起的位移计算问题，只不过这里制造误差引起的位移为已知，而误差未知。在 A 点虚加单位力，只要求出 BC 杆的内力即可，如图 3.3-3(b)所示。

$$\Delta_A = \Sigma \overline{N} \cdot \Delta l = 1.5 \cdot \Delta l < 0.6$$

所以 $\lambda_{max} = 0.4$cm。

【**例 3-4**】 如图 3.3-4(a)，求 C、D 两点水平相对位移，已知线膨胀系数 α 及水平杆件截面高度 $h = 0.5$m。（大连理工大学，2003）

解析：本题属温度改变引起的组合结构的位移计算问题。在 C、D 加一对单位力，其 $\overline{M}$、$\overline{N}$ 图分别如图 3.3-4(b)和图 3.3-4(c)所示。根据温度改变引起结构位移的计算公式可以得到：

$$\Delta_{CD} = \Sigma \alpha t_0 \overline{N} l + \Sigma (\pm) \frac{\alpha \Delta t}{h} \omega_{\overline{M}}$$

$$= \alpha \times 10 \times (\sqrt{2} \times 2\sqrt{2} - 1 \times 2 - 1 \times 2 + \sqrt{2} \times 2\sqrt{2}) + \alpha \times 3 \times 6 \times (-1)$$

$$- \frac{\alpha \times 14}{0.5} \times \left(\frac{1}{2} \times 2 \times 2 \times 2 + 2 \times 2\right)$$

$$= -202\alpha \quad (C、D 远离)$$

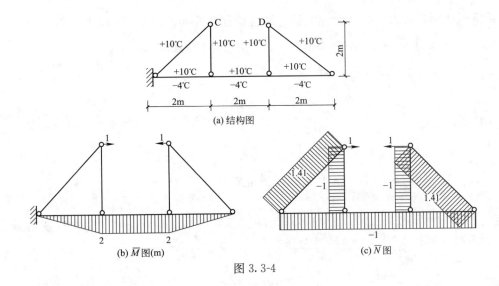

图 3.3-4

【例 3-5】 如图 3.3-5(a)，结构支座 A 下沉 Δ，并顺时针转动 $\theta=\dfrac{\Delta}{l}$，由此引起 K 截面转角 $\varphi_K=$ _____。（浙江大学，1998）

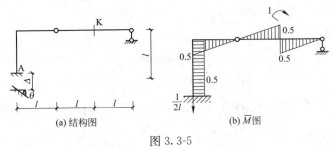

图 3.3-5

解析： 本题属支座移动引起的结构位移计算问题，其 $\overline{M}$ 图及 A 处的支反力如图 3.3-5(b)所示。由此求得：

$$\varphi_K = -\Sigma \overline{R}_i c_i = -\left(\frac{1}{2l} \cdot \Delta + \frac{1}{2} \cdot \frac{\Delta}{l}\right) = -\frac{\Delta}{l} \quad (\text{逆时针})$$

【例 3-6】 如图 3.3-6(a)，图示组合结构受弯杆件 $EI=$ 常数（忽略轴向变形），链杆 $EA=EI$，试求 C 点的竖向位移 Δ_{CV}。（浙江大学，1998）

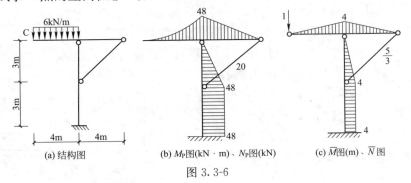

图 3.3-6

解析：此题属荷载作用下引起的组合结构位移计算问题，M_P，N_P 图如图 3.3-6(b)所示，$\overline{M}$，$\overline{N}$ 图如图 3.3-6(c)所示。因此，C 点的竖向位移可求得，为：

$$\Delta_{CV}=\Sigma\int\frac{\overline{M}M_P}{EI}ds+\Sigma\int\frac{\overline{N}N_P}{EA}ds$$

$$=\frac{1}{EI}\left(\frac{1}{3}\times48\times4\times\frac{3}{4}\times4+\frac{1}{2}\times48\times4\times\frac{2}{3}\times4+\frac{1}{2}\times48\times3\times\frac{2}{3}\times4+48\times3\times4+20\times\frac{5}{3}\times5\right)$$

$$=\frac{4148}{3EI}(\downarrow)$$

注：题中所给链杆 $EA=EI$，只是指其在数值上相等。

【例 3-7】 如图 3.3-7(a)，已知各杆 $EI=2.1\times10^4\text{kN}\cdot\text{m}^2$，求刚架铰 C 左右截面的相对角位移。（浙江大学，2000；西南交通大学，2004）

(a) 结构图　(b) M_P图(kN·m)　(c) $\overline{M}$ 图(m)

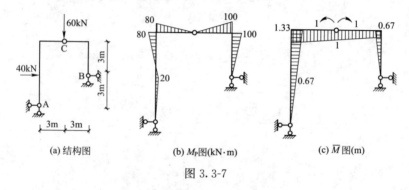

图 3.3-7

解析：此题属荷载作用引起的三铰刚架的位移计算问题。M_P 图如图 3.3-7(b)所示，$\overline{M}$ 图如图 3.3-7(c)所示，因此所求转角为：

$$\varphi_C=\Sigma\int\frac{\overline{M}M_P}{EI}ds$$

$$=\frac{1}{EI}\left[\frac{1}{2}\times80\times6\times\left(-\frac{4}{3}\right)\times\frac{2}{3}+\frac{1}{2}\times60\times6\times\frac{1}{2}\times\frac{4}{3}-\frac{1}{2}\times80\times3\times\left(1+\frac{1}{3}\times\frac{2}{3}\right)\right.$$

$$\left.-\frac{1}{2}\times100\times3\times\left(\frac{2}{3}+\frac{1}{3}\times\frac{1}{3}\right)-\frac{1}{2}\times100\times3\times\frac{2}{3}\times\frac{2}{3}\right]=-0.02$$

【例 3-8】 如图 3.3-8，当 E 点有 $P=1$ 向下作用时，B 截面有逆时针转角 φ，当 A 点有图示荷载作用时，E 点有竖向位移(　　)。（浙江大学，2001）

解析：此题初看属荷载引起的位移计算问题，细分析知实属位移互等问题。由于 AB 是悬臂部分，所以当 $P=1$ 在 E 点作用时，A 截面的转角与 B 截面转角相同，也为 φ，逆时针方向。因此本问题可转化为 A、E 两点的位移互等问题，即 E 点的单位力在 A 点引起的位移 φ 等于 A 点的单位力矩在 E 点引起的位移 Δ_E，只不过需要注意在 A 点所加单位力矩的方向与 E 点作用单位力时引起的 A 点位移方向相反，所以 A 点施加单位力

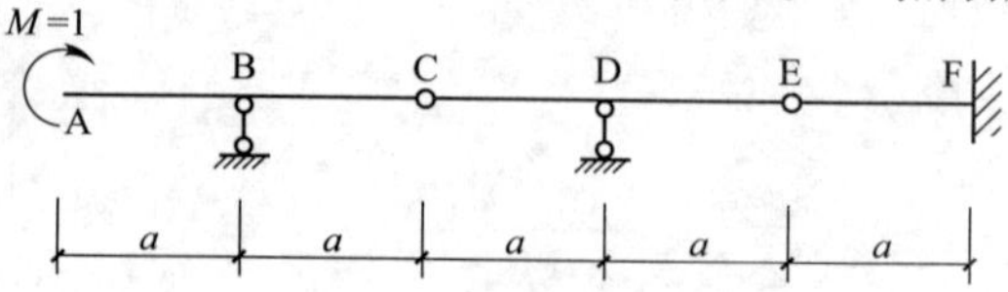

图 3.3-8

矩时引起的 E 点的位移方向与 E 点所加力的方向相反，可得 $\Delta_E = \varphi(\uparrow)$。

另，既然本题属荷载引起的位移问题，亦可以按此思路求解。先画出 E 点作用向下单位力时 EF 杆的弯矩图，再画出 B 处施加单位力矩时梁 EF 段的弯矩图，通过 B 截面转角已知从而求出 EF 杆的刚度 EI。画出 A 截面作用单位力矩时 EF 杆的弯矩图，从而利用图乘法即可求得 E 点的竖向位移。

【例 3-9】 如图 3.3-9(a)，$P = 30$ kN，$q = 20$ kN/m，试求 B 点的水平线位移。（浙江大学，2001）

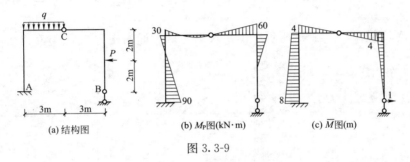

图 3.3-9

解析：此题属荷载引起的位移计算问题。图示结构可以看作由两部分组成，悬臂刚架部分及附属简支梁部分，内力求解遵循先附属结构后主体结构的顺序。M_P 图如图 3.3-9(b)所示，$\overline{M}$ 图如图 3.3-9(c)所示。因此 B 点的水平线位移为：

$$\Delta_B = \Sigma \int \frac{\overline{M} M_P}{EI} ds$$
$$= \frac{1}{EI}(720 - 1600 + 120 - 90 - 240 - 200)$$
$$= -\frac{1290}{EI}(\leftarrow)$$

【例 3-10】 如图 3.3-10(a)所示结构，用花篮螺丝调节 DE 杆长度，使其缩短 5cm。求 C 点的位移及其两侧杆截面的相对转角。（东南大学，1999）

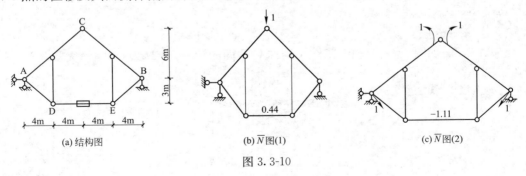

图 3.3-10

解析：本题属制造误差引起的位移计算问题，只不过这个误差是由花篮螺丝调节的。对制造误差引起的位移，只要求出虚加广义单位力作用下杆件的轴力，即可进行位移计算。

(1) 对本题而言，由于结构的对称性，对于线位移而言，C 点只有竖向线位移，因此在 C 点沿竖向加一虚拟单位力，支反力为 0.5。取过 C 铰的截面将 DE 杆截开，取其中一部分为隔离体，根据 C 点的力矩平衡可以求解出 DE 杆的轴力为 $\overline{N}_{DE}=0.44$，如图 3.3-10（b）所示。所以 $\Delta_{Cy}=\Sigma \overline{N} \times \Delta l = \overline{N}_{DE} \times \Delta l = 0.44 \times (-5) = -2.24 \text{cm}(\uparrow)$。

(2) 求 C 点两侧杆件的相对转角需要加一对虚拟相对单位力偶，如图 3.3-10(c) 所示。由于支座反力为零，$\overline{N}_{DE}=-\dfrac{10}{9}=-1.11$。

所以 C 点两侧杆截面的相对转角为：$\varphi=\Sigma \overline{N} \cdot \Delta l = \overline{N}_{DE} \cdot \Delta l = -1.11 \times (-5) = 5.55$

【例 3-11】 如图 3.3-11(a) 所示结构，求 C 点两截面的相对转角。（东南大学，2002）

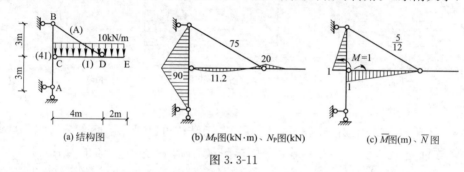

(a) 结构图　　(b) M_P 图（kN·m）、N_P 图（kN）　　(c) $\overline{M}$ 图（m）、$\overline{N}$ 图

图 3.3-11

解析： 此题属荷载引起的组合结构位移计算问题。主体部分为 AB 简支梁，附属部分由 BD、CE 组成，也可看作简支梁。为求相对转角，在 C 点两侧施加一对单位力偶。求解弯矩和轴力时遵循先附属部分，后主体部分的原则，得到如图 3.3-11(b) 所示的 M_P、N_P 图和图 3.3-11(c) 所示的 $\overline{M}$、$\overline{N}$ 图。因此，C 点两侧截面的相对转角为：

$$\varphi = \Sigma \int \dfrac{\overline{M} M_P}{EI} ds + \Sigma \int \dfrac{\overline{N} N_P}{EA} ds$$

$$= \dfrac{1}{2} \times 90 \times 3 \times \dfrac{2}{3} \times \dfrac{1}{4EI} + \left(\dfrac{1}{8} \times 10 \times 4^2 \times \dfrac{2}{3} \times 4 \times \dfrac{1}{2} - \dfrac{1}{2} \times 20 \times 4 \times \dfrac{1}{3} \right) \times \dfrac{1}{EI} + 75 \times \dfrac{5}{12} \times 5 \times \dfrac{1}{EA}$$

$$= \left(\dfrac{215}{6EI} + \dfrac{625}{4EA} \right)$$

【例 3-12】 如图 3.3-12(a)，求图示结构 C 截面的转角，$EI=C$。（河海大学，2006）

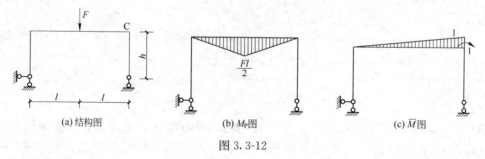

(a) 结构图　　(b) M_P 图　　(c) $\overline{M}$ 图

图 3.3-12

解析： 此题属荷载引起的位移计算问题。F 作用下结构的弯矩图如图 3.3-12(b)所示，C 点虚加单位力矩作用下结构的弯矩图如图 3.3-12(c)。因此 C 截面的转角为：

$$\varphi_C = \Sigma \int \frac{\overline{M}M_P}{EI} ds = \frac{1}{EI} \times \frac{Fl}{2} \times 2l \times \frac{1}{2} \times \left(-\frac{1}{2}\right) = -\frac{Fl^2}{4C} \quad （逆时针）$$

【例 3-13】 如图 3.3-13(a)，求 E 截面的转角，$EI=C$。（河海大学，2007）

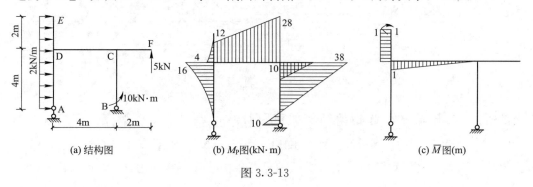

(a) 结构图　　(b) M_P图(kN·m)　　(c) $\overline{M}$图(m)

图 3.3-13

解析： 此题属荷载引起的位移计算问题。M_P、$\overline{M}$ 图分别如图 3.3-13(b)和图 3.3-13(c)所示，因此由位移计算公式可以得到 E 截面的转角：

$$\varphi_E = \Sigma \int \frac{\overline{M}M_P}{EI} ds = \frac{1}{EI}\left(\frac{1}{3} \times 4 \times 2 \times 1 - 12 \times 4 \times \frac{1}{2} - \frac{1}{2} \times 16 \times 4 \times \frac{1}{3}\right) = -\frac{32}{C} \quad （逆时针）$$

【例 3-14】 如图 3.3-14(a)，(1)计算并作出图示结构的弯矩图；(2)计算出该结构中 A 点竖直方向的位移，各杆 EI 为常数。（河海大学，2008）

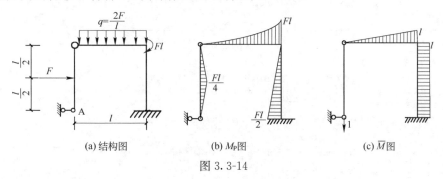

(a) 结构图　　(b) M_P图　　(c) $\overline{M}$图

图 3.3-14

解析： 此题属荷载引起的位移计算问题。本题中的结构可分解为附属部分和基本部分，内力分析遵循先附属后基本的步骤。荷载作用下和 A 点单位力作用下的弯矩图分别如图 3.3-14(b)和图 3.3-14(c)所示，进而可得 A 点的竖向位移：

$$\Delta_A = \Sigma \int \frac{\overline{M}M_P}{EI} ds$$
$$= \frac{1}{EI}\left[\frac{1}{3} \times Fl \times l \times \frac{3}{4} \times l + \frac{1}{2} \times \frac{Fl}{2} \times l \times (-l)\right]$$
$$= \frac{1}{EI} \times 0 = 0$$

【例 3-15】 如图 3.3-15(a)，桁架各杆 EA 相同，求图示 φ 角的改变量。（哈尔滨工业大学，2006）

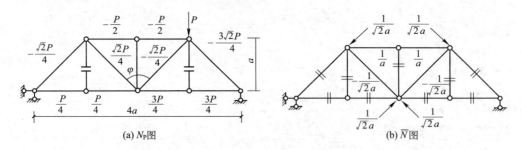

图 3.3-15

解析： 此题属荷载引起桁架结构的位移计算问题。求角度改变，需要施加如图 3.3-15(b)所示的两对力。N_P 图如图 3.3-15(a)所示，$\overline{N}$ 图如图 3.3-15(b)所示，标 '=' 者为零杆，因此，真正对转角改变有贡献的只有 4 根杆件。转角为：

$$\varphi = \Sigma \int \frac{\overline{N}N_P}{EA} ds = \frac{2}{EA}\left(-\frac{P}{2} \times \frac{1}{a} \times a - \frac{\sqrt{2}P}{4} \times \frac{1}{\sqrt{2}a} \times \sqrt{2}a\right) = -\left(1 + \frac{\sqrt{2}}{2}\right)\frac{P}{EA} \quad (\varphi \text{ 变小})$$

【例 3-16】 如图 3.3-16(a)，多跨静定梁。EI 为常数，求：(1)C 铰两侧的相对转角；(2)E 端的竖向位移。（天津大学，2000）

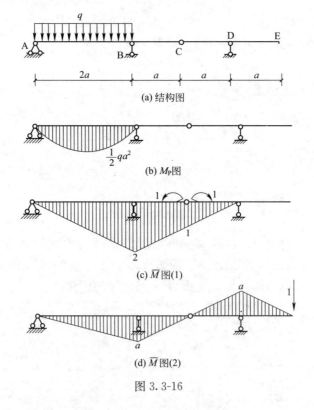

图 3.3-16

解析：此题属荷载引起的位移计算问题。对荷载作用情况，均布荷载作用在主体结构上时，不会在附属部分上引起内力，所以 M_P 图只在 AB 段有值，大小如图 3.3-16(b) 所示，因此，图乘只需在 AB 段进行。

（1）求 C 铰两侧的相对转角，在 C 铰两侧加一对虚拟单位力偶，弯矩图如图 3.3-16(c) 所示，转角可求得为：

$$\theta_C = \Sigma \int \frac{\overline{M}M_P}{EI}ds = \frac{1}{EI} \cdot \frac{1}{2}qa^2 \cdot 2a \cdot \frac{2}{3} \cdot 2 \cdot \frac{1}{2} = \frac{2qa^3}{3EI}$$

（2）E 点加单位虚拟力后的弯矩图如图 3.3-16(d) 所示，E 点竖向位移可求得为：

$$\Delta_E = \Sigma \int \frac{\overline{M}M_P}{EI}ds = \frac{1}{EI} \cdot \frac{1}{2}qa^2 \cdot 2a \cdot \frac{2}{3} \cdot a \cdot \frac{1}{2} = \frac{qa^4}{3EI}(\downarrow)$$

【例 3-17】 如图 3.3-17(a)，图示结构 $EA = 4.2 \times 10^5$ kN，$EI = 2.1 \times 10^8$ kN·cm^2，$q = 12$ kN/m，试求 E 点的竖向位移。（华南理工大学，2004）

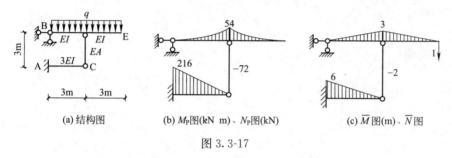

(a) 结构图　　(b) M_P图(kN·m)、N_P图(kN)　　(c) $\overline{M}$图(m)、$\overline{N}$图

图 3.3-17

解析：本题属荷载引起组合结构的位移计算问题。根据力矩和力的平衡可以得到如图 3.3-17(b) 所示的 M_P、N_P 图以及图 3.3-17(c) 所示的 $\overline{M}$、$\overline{N}$ 图。因此，E 点竖向位移可求得为：

$$\Delta_E = \Sigma \int \frac{\overline{M}M_P}{EI}ds + \Sigma \int \frac{\overline{N}N_P}{EA}ds$$

$$= \left[\frac{1}{EI}\left(\frac{1}{3} \times 54 \times 3 \times \frac{3}{4} \times 3\right) \times 2 + \frac{1}{3EI}\left(\frac{1}{2} \times 216 \times 3 \times \frac{2}{3} \times 6\right)\right] + \frac{1}{EA}(-72) \times (-2) \times 3$$

$$= \frac{675}{2.1 \times 10^4} + \frac{432}{4.2 \times 10^5}$$

$$= 0.033 \text{m}(\downarrow)$$

注意：AC 杆与 BE 杆的 EI 不同，而且 EI 的单位是以 kN·cm^2 给出的，需转化为 kN·m^2，统一计算单位。

【例 3-18】 如图 3.3-18(a)，求结构 C 点水平位移 Δ_{CH}，EI = 常数。（华南理工大学，2005）

解析：此题属荷载和支座移动共同作用下的位移计算问题。首先求出荷载作用下弹簧中的反力 $\frac{M}{l}$，进而求出弹簧压缩量 $\frac{M}{lk}$。荷载作用下的 M 图及支座反力如图 3.3-18(b) 所示，单位荷载作用下的 M 图及支座反力如图 3.3-18(c) 所示。由此可求得 C 点水平位移为：

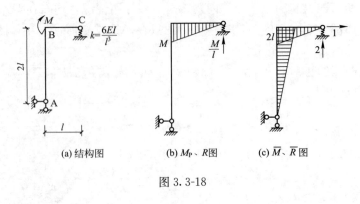

(a) 结构图　　(b) M_P、$\overline{R}$ 图　　(c) $\overline{M}$、$\overline{R}$ 图

图 3.3-18

$$\Delta_{CH}=\Sigma\int\frac{\overline{M}M_P}{EI}ds-\Sigma\overline{R}_ic_i=\frac{1}{EI}\cdot\frac{1}{2}\cdot M\cdot l\cdot\frac{2}{3}\cdot 2l+\frac{M\cdot 2}{lk}$$

$$=\frac{1}{EI}\cdot\frac{2}{3}Ml^2+\frac{2Ml^2}{6EI}=\frac{Ml^2}{EI}(\rightarrow)$$

【例 3-19】 如图 3.3-19(a)，求图示结构 D 点的水平位移，各杆 $EI=2\times10^5 kN\cdot m^2$。（华南理工大学，2007）

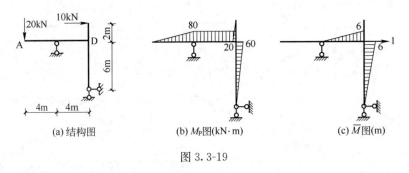

(a) 结构图　　(b) M_P图(kN·m)　　(c) $\overline{M}$图(m)

图 3.3-19

解析： 此题属荷载引起的位移计算问题。结构在荷载和单位荷载作用下的弯矩图如图 3.3-19(b)、(c)所示，D 点的水平位移为：

$$\Delta_D=\Sigma\int\frac{\overline{M}M_P}{EI}ds=\frac{1}{EI}\left(80\times4\times\frac{1}{2}\times6+\frac{1}{2}\times60\times6\times\frac{2}{3}\times6\right)$$

$$=\frac{1680}{2\times10^5}=0.84\times10^{-2}m(\rightarrow)$$

【例 3-20】 如图 3.3-20(a)，计算结构 C 点的竖向位移（$EI=$ 常数）。（北京交通大学，2002）

解析： 此题属荷载引起的位移计算问题。M_P 图如图 3.3-20(b)所示，$\overline{M}$ 图如图 3.3-20(c)所示，因此 C 点的竖向位移可以得到：

$$\Delta_C=\Sigma\int\frac{\overline{M}M_P}{EI}ds=\frac{1}{2}\times10\times2\times\frac{2}{3}\times0.5\times12\times\frac{1}{EI}=\frac{40}{EI}(\downarrow)$$

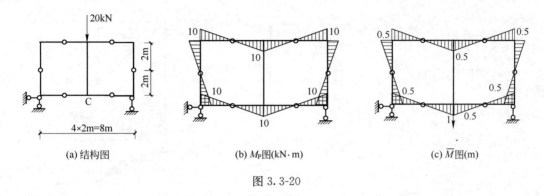

(a) 结构图　　(b) M_P图(kN·m)　　(c) $\overline{M}$图(m)

图 3.3-20

【例 3-21】 如图 3.3-21(a)，图示结构 A 支座有竖向沉陷 Δ，各杆 $EI=$ 常数，求 B 截面的转角。（北京交通大学，2004）

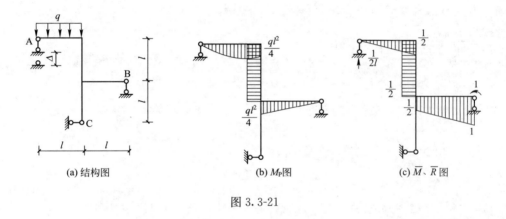

(a) 结构图　　(b) M_P图　　(c) $\overline{M}$、$\overline{R}$图

图 3.3-21

解析： 本题属荷载和支座移动共同作用下的位移计算问题。首先画出 M_P、$\overline{M}$ 图，分别如图 3.3-21(b)和图 3.3-21(c)所示，并求出单位荷载下 A 支座的反力 $R_A=\dfrac{1}{2l}$。B 截面转角可求得为：

$$\varphi_B = \Sigma\int \frac{\overline{M}M_P}{EI}ds - \Sigma\overline{R}_i c_i$$

$$= \frac{1}{EI}\left[\frac{1}{3}\cdot l\cdot\frac{1}{2}ql^2\cdot\frac{3}{4}\cdot\left(-\frac{1}{2}\right)+\frac{1}{2}\cdot l\cdot\frac{3}{4}ql^2\cdot\frac{2}{3}\cdot\frac{1}{2}+\frac{ql^2}{4}\cdot l\cdot\frac{1}{2}\right.$$

$$\left.+\frac{1}{2}\cdot l\cdot\frac{1}{2}\cdot\frac{ql^2}{4}+\frac{1}{2}\cdot l\cdot\frac{1}{2}\cdot\frac{1}{3}\cdot\frac{ql^2}{4}\right]-\left[\frac{1}{2l}\cdot(-\Delta)\right]$$

$$= \frac{13ql^3}{48EI}+\frac{\Delta}{2l}\quad(\text{逆时针})$$

【例 3-22】 如图 3.3-22(a)，$EI=$ 常数，$EA=\dfrac{EI}{a^2}$，荷载从 $0\sim P$ 变化（加载过程缓慢），试分析 S 杆的转角 φ_S 与 P 的关系。（北京交通大学，2006）

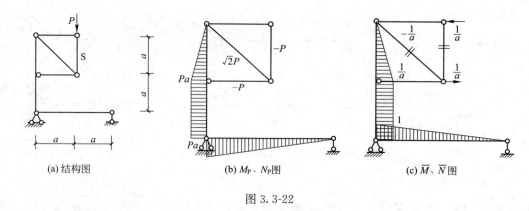

(a) 结构图　　　　(b) M_P、N_P 图　　　　(c) $\overline{M}$、$\overline{N}$ 图

图 3.3-22

解析：本题为组合结构在荷载作用下的位移计算问题。荷载作用下结构中受弯杆的弯矩以及二力杆的轴力如图 3.3-22(b)所示，而单位荷载作用下的弯矩和轴力如图 3.3-22(c)所示。由此可得 S 杆的转角为：

$$\varphi_S = \Sigma \int \frac{\overline{M} M_P}{EI} ds + \Sigma \int \frac{\overline{N} N_P}{EA} ds$$

$$= \frac{1}{EI} \left[\frac{1}{2} \cdot Pa \cdot a \cdot \frac{2}{3} \cdot (-1) + Pa \cdot a \cdot (-1) + \frac{1}{2} \cdot Pa \cdot 2a \cdot \frac{2}{3} \cdot (-1) \right]$$

$$+ \frac{1}{EA} \left[\frac{1}{a} \cdot (-P) \cdot a \right]$$

$$= -\frac{2Pa^2}{EI} - \frac{P}{EA} = -\frac{3Pa^2}{EI} \quad (顺时针)$$

【例 3-23】　如图 3.3-23(a)，AD 杆为刚性杆，其余各杆 $EI = 1.76 \times 10^8 \text{kN} \cdot \text{cm}^2$，$EA = 7.92 \times 10^4 \text{kN}$，试计算 F 点的水平位移。（北京交通大学，2007）

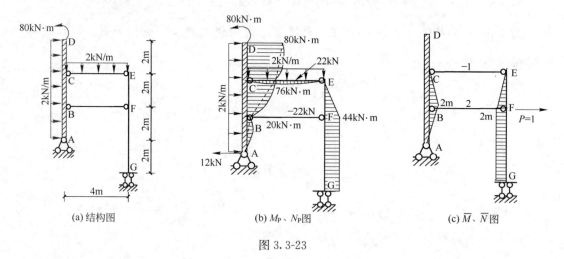

(a) 结构图　　　　(b) M_P、N_P 图　　　　(c) $\overline{M}$、$\overline{N}$ 图

图 3.3-23

解析：此题属荷载引起的位移计算问题。图示结构的 M_P、N_P 图如图 3.3-23(b)所示，$\overline{M}$、$\overline{N}$ 图如图 3.3-23(c)所示，由位移计算公式可以得到 F 点的水平位移：

$$\Delta_F = \Sigma \int \frac{\overline{M}M_P}{EI}ds + \Sigma \int \frac{\overline{N}N_P}{EA}ds$$

$$= -\frac{1}{EI}\left(\frac{1}{2} \times 44 \times 2 \times \frac{2}{3} \times 2 + 44 \times 4 \times 2\right) + \frac{1}{EA}[22 \times (-1) \times 4 + (-22) \times 2 \times 4]$$

$$= -\left(\frac{1232}{3EI} + \frac{264}{EA}\right) = -\left(\frac{1232}{3 \times 1.76 \times 10^8} + \frac{264}{7.92 \times 10^4}\right) = -0.0266 \text{m}(\leftarrow)$$

点评：在本题所给各杆截面条件特别是 EI 和 EA 的具体数值下，受弯杆件 CE 的轴力与二力杆 BF 的轴力对 F 点位移具有同等的贡献，且与其他杆件弯曲变形引起的位移在同一量级，当把此二杆轴力的影响记入时，F 点的位移如上式。其实，按照组合结构位移计算原则，不计 CE 杆甚至 BF 杆轴力对位移的影响也是可以的。这只是个精度问题。

【**例 3-24**】 如图 3.3-24(a)，ABC 杆为刚性杆，其余各杆 EI 和 EA 均为常数，G 处弹簧的刚度系数为 $k = 3EI/20$，试计算 G 处的水平位移。（北京交通大学，2008）

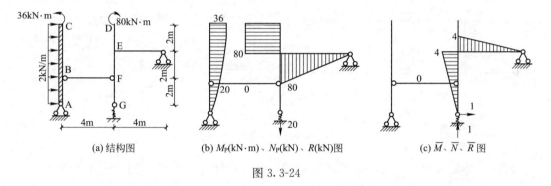

(a) 结构图　　(b) M_P(kN·m)、N_P(kN)、R(kN)图　　(c) $\overline{M}$、$\overline{N}$、$\overline{R}$ 图

图 3.3-24

解析：此题为荷载和支座移动共同作用下的位移计算问题。结构可视为由 F 左侧的附属部分和 F 右侧的基本部分组成。外荷载作用下的弯矩图、轴力图以及弹簧的反力见图 3.3-24(b)。在 G 点加水平单位力时，由于力作用在主体部分上，附属部分不会产生内力，相应的弯矩图、轴力图以及弹簧的反力见图 3.3-24(c)。利用位移计算公式可得：

$$\Delta_G = \Sigma \int \frac{\overline{M}M_P}{EI}ds + \Sigma \int \frac{\overline{N}N_P}{EA}ds - \Sigma \overline{R}_i c_i$$

$$= -\frac{1}{2} \times 80 \times 4 \times \frac{2}{3} \times 4 \times \frac{1}{EI} - \frac{20 \times 1}{k}$$

$$= -\frac{560}{EI}(\leftarrow)$$

【**例 3-25**】 如图 3.3-25(a)，桁架中 DE 杆制作时长出 2mm，求装配后结点 G 的竖向位移。（清华大学，2002）

解析：此题属桁架结构制造误差引起的位移计算问题。主要是求解 G 处加单位力后，DE 杆的轴力。为此，首先取 m—m 截面将结构截开，因为单位力沿竖向，所以无水平力，CG 杆无轴力，为零杆。由 G 结点的力平衡知道，杆 FG 的轴力 $\overline{N}_{FG} = -1$。再取 n—n 截面截开，由右半部分水平方向力的平衡知：$\overline{N}_{DE} = 1$。

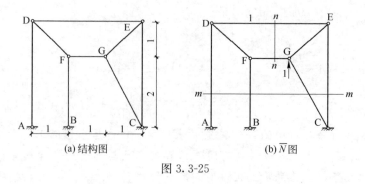

图 3.3-25

所以，G 点位移为：$\Delta_G = \Sigma \overline{N} \cdot \Delta l = 1 \times 2 = 2 \text{mm}(\uparrow)$。

【例 3-26】 如图 3.3-26(a)，桁架下弦各杆因制造误差均长 $\dfrac{3a}{4000}$。求装配后跨中的挠度。（清华大学，2003）

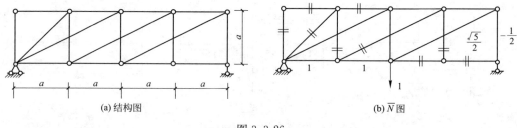

图 3.3-26

解析： 本题属桁架结构制造误差引起的位移计算问题。对单位力作用下的桁架，支反力可以得到；又由于只有下弦杆有制造误差，因此只求解下弦杆的轴力即可。由结点的受力特性可以判断出如图 3.3-26(b) 所示的零杆。不难算出左侧两根下弦杆的轴力为 1，进而可得跨中的挠度为：

$$\Delta = \Sigma \overline{N} \cdot \Delta l = 2 \times 1 \times \dfrac{3a}{4000} = \dfrac{3a}{2000}(\downarrow)$$

【例 3-27】 如图 3.3-27(a)，求图示桁架结点 C 的竖向位移，各杆的 EA 相同。（清华大学，2005）

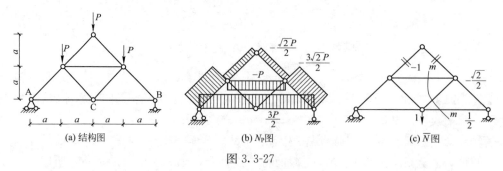

图 3.3-27

解析： 此题属桁架结构在荷载作用下的位移计算问题。荷载作用下杆件的内力可以根据支反力以及结点力的平衡求出，如图 3.3-27(b) 所示，其中中间两根斜杆为零杆。而在

C 点虚加单位力后，上部的两根杆件为零杆，做如图 3.3-27(c)所示的曲线 m—m 将杆件截开，利用对 C 点的力矩平衡可以得到上部水平杆的内力为 -1，其余杆件的内力可由结点平衡得到。因此 C 点的竖向位移为：

$$\Delta_C = \Sigma \int \frac{\overline{N} N_P}{EA} ds$$

$$= \frac{1}{EA} \left[\frac{3P}{2} \cdot \frac{1}{2} \cdot 2a \cdot 2 + \left(-\frac{\sqrt{2}}{2} \right) \cdot \left(-\frac{3\sqrt{2}}{2} P \right) \cdot \sqrt{2} a \cdot 2 + (-P) \cdot (-1) \cdot 2a \right]$$

$$= \frac{(5 + 3\sqrt{2}) Pa}{EA} (\downarrow)$$

【例 3-28】 如图 3.3-28(a)，桁架各杆的 EA = 常数，C 点的竖向位移与（　　）杆件的内力有关，该位移为（　　），方向（　　）。（清华大学，2006）

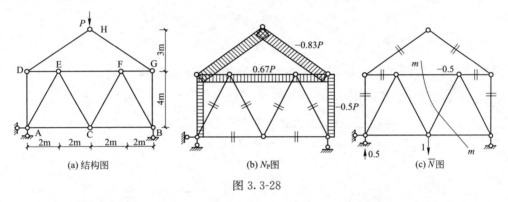

图 3.3-28

解析： 此题属荷载作用下桁架结构的位移计算问题。荷载 P 作用在结构上时，由对称性和 K 形结点的特性可以很容易地判断出如图 3.3-28(b)所示的零杆（画"="者为零杆），再由 H、D 结点力的平衡可以求出如图 3.3-28(b)所示的轴力。对单位力作用的情况，同样可以根据对称性和结点受力特性判断出如图 3.3-28(c)所示的零杆。对比二者可以发现，只有 EF 杆的轴力在两种情况下都不为零，因此，C 点的竖向位移只与 EF 杆的内力有关。单位力作用下 EF 杆内力可以通过取如图 3.3-28(c)所示 m—m 截面并对 C 点取矩求得 $\overline{N}_{EF} = -\frac{1}{2}$。因此，C 点的竖向位移为：

$$\Delta_G = \Sigma \frac{\overline{N} N_P l}{EA} = -\frac{1}{2} \cdot \frac{2P}{3EA} \cdot 4 = -\frac{4P}{3EA} (\uparrow)。$$

【例 3-29】 如图 3.3-29(a)，求结构 A、B 两点的竖向相对位移 Δ_{ABV}。（清华大学，2006）

解析： 此题属荷载和支座移动共同作用下结构的位移计算问题。荷载以及单位力作用下的弯矩图和弹簧反力可求得，分别如图 3.3-29(b)和图 3.3-29(c)所示，在求得荷载作用下弹簧的压缩量后，不难求得所求位移：

$$\Delta_{ABV} = \Sigma \int \frac{\overline{M} M_P}{EI} ds - \Sigma \overline{R}_i c_i$$

$$= \frac{1}{EI} \left[\left(q l^2 \cdot l \cdot \frac{1}{2} \cdot l + \frac{1}{2} q l^2 \cdot l \cdot \frac{1}{3} \cdot \frac{3}{4} l \right) + \left(-\frac{1}{8} q l^2 \cdot \frac{l}{2} \cdot \frac{1}{3} \cdot \frac{l}{2} \cdot \frac{3}{4} \right) \right]$$

$$+\left(\frac{11}{8}ql^2 \cdot l \cdot \frac{3l}{2}\right)+\left(\frac{1}{2} \cdot \frac{11}{8}ql^2 \cdot l \cdot \frac{2}{3} \cdot \frac{3l}{2}\right) \cdot \frac{1}{3}\right]+\frac{11}{8}ql \cdot \frac{3}{2} \cdot \frac{l^3}{3EI}$$

$$=\frac{1381ql^4}{384EI}$$

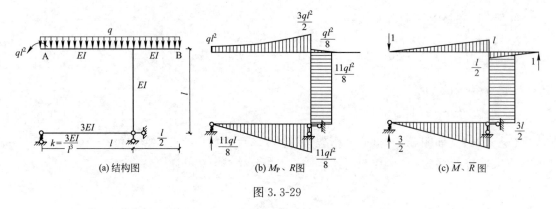

图 3.3-29

【例 3-30】 如图 3.3-30(a)，对称结构承受反对称水平荷载，设结构 C 点的水平位移为 Δ，若将 BC 段 EI 减小 $\frac{1}{2}$，则 C 点的水平位移变为_____。（清华大学，2006）

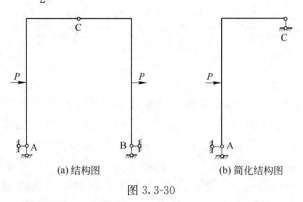

图 3.3-30

解析： 此题属荷载作用下结构的位移计算问题。对称结构承受反对称荷载时，则 C 点竖向位移为零，结构可以简化为如图 3.3-30(b)所示的结构，这里我们取的是左侧的结构。C 点的水平位移可以分解为两部分，分别由左右两侧的子结构引起，由于对称性，两子结构 C 点水平位移满足 $\Delta_{LC}=\Delta_{RC}=\frac{\Delta}{2}$。

由于静定结构的内力图与结构各杆的刚度（或相当刚度）无关，可见，当 BC 部分杆件刚度减半时，荷载或单位荷载作用下结构中的内力与未减半时一样。由此可见，在 P 不变的情况下，当 BC 段 EI 减小 $\frac{1}{2}$ 时，$\Delta_{RC}=\frac{\Delta}{2} \cdot 2=\Delta$，因此整个结构中 C 点的水平位移变为：$\Delta_C=\Delta_{LC}+\Delta_{RC}=\frac{3}{2}\Delta$。

另，本题也可以通过先假设结构的几何尺寸，将荷载和单位荷载作用下的弯矩图画出，再利用对称结构中所给位移，求得非对称结构中的位移。

【例3-31】 如图3.3-31所示结构，AB杆件$EI_1=\infty$，其余杆件$EI=$常数，弹簧支座刚度为k。试求C点的竖向位移。（北京交通大学，2011）

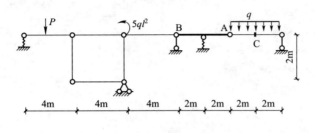

图3.3-31 结构图

解析： 单位荷载以及荷载作用下结构右半部分弯矩图分别如图3.3-32(a)、(b)所示。

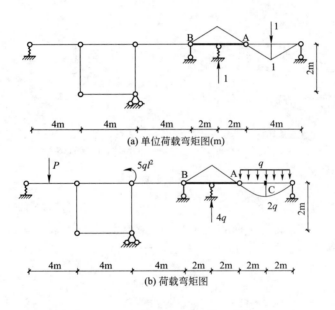

图3.3.32

$$\Delta_C = \frac{2}{EI} \times \frac{2}{3} \times 2q \times 2 \times \frac{5}{8} \times 1 + \frac{4q}{k} = \frac{10q}{3EI} + \frac{4q}{k} \ (\downarrow)$$

点评： 通常情况下，先作单位荷载作用下的内力图，再据此作荷载作用下相关杆件的内力图，可能会节省一些计算量。

【例3-32】 如图3.3-33所示结构AB杆件$EI_1=\infty$，其余受弯杆件$EI=$常数，二力杆抗拉刚度为EA，弹簧刚度$k=3EI/256$。试求C点的竖向位移。（北京交通大学，2012）

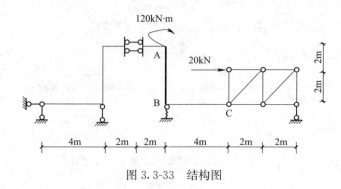

图 3.3-33　结构图

解析： 桁架部分对所求位移无影响。荷载作用下 B 处弹簧拉伸量 $c=10/k$。单位荷载以及荷载作用下受弯杆件的弯矩图分别如图 3.3-34(a)、(b)所示。

$$\Delta_C = \frac{1}{EI}\left(\frac{16\times 40}{3} - 80\times 8 - \frac{16\times 80}{3}\right) + \frac{10}{k} = 0$$

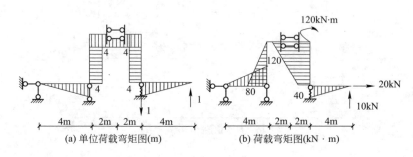

图 3.3-34

【例 3-33】 如图 3.3-35 所示，DFG 杆为刚性杆，其余各杆 EI 为常数，弹簧的刚度系数为 $k=EI/111$。结构受图示荷载作用的同时，A 支座处还发生有水平和竖向沉陷 Δ_1 和 Δ_2。若使 G 处不产生水平位移，试求 Δ_1 和 Δ_2 应满足的关系。（北京交通大学，2013）

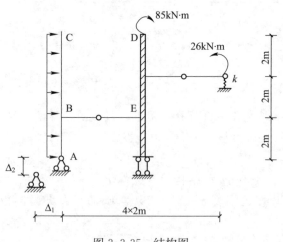

图 3.3-35　结构图

解析： 单位荷载及荷载作用下刚性杆件左侧的弯矩图形分别如图 3.3-36(a)、(b)所示（刚性杆及其右侧部分对分析无影响）。

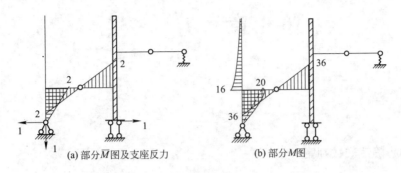

图 3.3-36

可求得 Δ_1 和 Δ_2 应满足的关系为：$\Delta_1 + \Delta_2 = 124/EI$。

第4章 力 法

4.1 基本内容

4.1.1 结构超静定次数判定

超静定次数＝多余约束的数目。

4.1.2 力法的基本原理

基本体系在去掉多余约束处的位移＝原结构相应的位移。

4.1.3 力法方程及其物理意义

$$\begin{cases} \delta_{11}X_1+\delta_{12}X_2+\cdots+\delta_{1i}X_i+\cdots+\delta_{1n}X_n+\Delta_{1P}+\Delta_{1t}+\Delta_{1C}=a_1 \\ \delta_{21}X_1+\delta_{22}X_2+\cdots+\delta_{2i}X_i+\cdots+\delta_{2n}X_n+\Delta_{2P}+\Delta_{2t}+\Delta_{2C}=a_2 \\ \quad\quad\quad\quad\quad\quad\quad\quad\quad\quad\vdots \\ \delta_{n1}X_1+\delta_{n2}X_2+\cdots+\delta_{ni}X_i+\cdots+\delta_{nn}X_n+\Delta_{nP}+\Delta_{nt}+\Delta_{nC}=a_n \end{cases}$$

式中：$a_i(i=1\sim n)$是原结构在多余约束处沿多余未知力方向的位移。

$$\delta_{ij}=\delta_{ji}=\Sigma\int\frac{\overline{M}_i\overline{M}_j\mathrm{d}s}{EI}+\Sigma\int\frac{\overline{N}_i\overline{N}_j\mathrm{d}s}{EA}+\Sigma\int\frac{k\overline{Q}_i\overline{Q}_j\mathrm{d}s}{GA}$$

$$\Delta_{iP}=\Sigma\int\frac{\overline{M}_iM_P\mathrm{d}s}{EI}+\Sigma\int\frac{\overline{N}_iN_P\mathrm{d}s}{EA}+\Sigma\int\frac{k\overline{Q}_iQ_P\mathrm{d}s}{GA}$$

$$\Delta_{it}=\Sigma\overline{N}_i\alpha tl+\Sigma\frac{\alpha\Delta t}{h}\int\overline{M}_i\mathrm{d}s$$

$$\Delta_{iC}=-\Sigma\overline{R}_ic$$

物理意义：基本结构在全部多余未知力、荷载、温度变化、支座位移等因素共同作用下，在去掉多余约束处沿多余未知力方向的位移应等于原结构相应的位移。

对于弹性杆件，典型方程中主系数恒为正值。

4.1.4 用力法计算超静定结构的计算步骤

（1）确定基本未知量数目；
（2）选择适当的基本结构；
（3）建立典型方程；
（4）解方程求出多余未知力；
（5）叠加法作内力图。

$$M=\Sigma \overline{M}_i X_i + M_P$$
$$Q=\Sigma \overline{Q}_i X_i + Q_P$$
$$N=\Sigma \overline{N}_i X_i + N_P$$

4.1.5 超静定结构的位移计算

在位移协调条件成立的前提下，基本体系的内力和位移与原结构完全相同，据此可以将超静定结构的位移计算问题转化为基本体系的位移计算问题。求解步骤为：

(1) 解超静定结构，求出最后的内力，以此为实际状态；
(2) 任选一种基本结构，加单位荷载求内力，以此为虚拟状态；
(3) 按位移计算公式计算所求的位移。

4.1.6 对称性的利用

对称结构在正对称荷载作用下，反力、内力和位移均正对称；
对称结构在反对称荷载作用下，反力、内力和位移均反对称。

4.2 要点与注意事项

(1) 超静定结构的内力不能由静力平衡条件惟一确定，必须考虑变形协调条件。
(2) 除荷载外，温度变化、支座移动等因素也会使超静定结构产生内力。
(3) 超静定结构在荷载作用下的内力与各杆刚度相对值有关，与绝对值无关；但在支座位移、温度改变等情况下，与绝对值有关。
(4) 超静定结构校核，包括变形条件和平衡条件的校核。
(5) 不考虑杆件轴向变形时的几个结论：
① 集中力沿杆轴线作用，若该杆沿轴线方向无位移，则只有该杆承受轴向力，其余杆件无内力；
② 等值反向共线的一对集中力沿直杆轴线作用时，只有该杆受轴向拉力或压力；
③ 集中力作用在无线位移的刚结点上或集中力偶作用在不动的结点上时，汇交于该结点的各杆无弯矩。

4.3 真题解析

4.3.1 荷载作用

【例 4-1】 用力法作图 4.3-1 所示结构的 M 图（规定用 B 截面弯矩作基本未知量）。（北京交通大学，1998）

解析：这是一次超静定结构，基本体系如图 4.3-2。注意作用在 B 截面处的集中力偶可以放在铰 B 的左侧，亦可以放在右侧，最终结果是一样的。

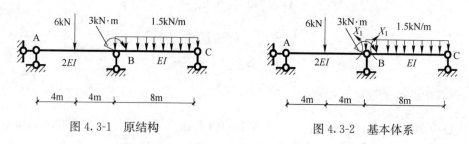

图 4.3-1 原结构   图 4.3-2 基本体系

列出力法方程：

$$\delta_{11}X_1 + \Delta_{1p} = 0$$

作出 M_P 图，$\overline{M}_1$ 图（如图 4.3-3），可以求出系数 $EI\delta_{11}=4$，$EI\Delta_{1P}=40$；得 $X_1=-10$ kN·m。由 $M=\overline{M}_1 X_1 + M_P$ 可作出弯矩图如图 4.3-3 所示。

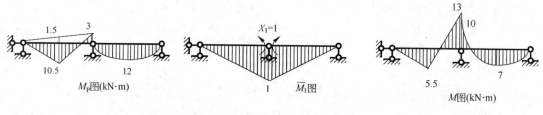

图 4.3-3　M_P 图，$\overline{M}_1$ 图和 M 图

【例 4-2】 用力法求出图 4.3-4 中轴力杆 CD 的轴向力。设各杆 EI 为常数，CD 杆 $EA=\dfrac{EI}{a^2}$。（同济大学，2003）

解析：这是一次超静定组合结构，截断 CD 杆，基本体系如图 4.3-5 所示。

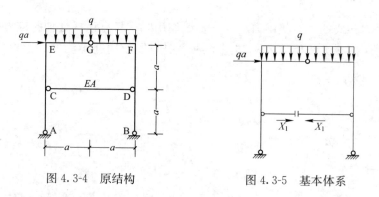

图 4.3-4 原结构　　图 4.3-5 基本体系

列出力法方程

$$\delta_{11}X_1 + \Delta_{1p} = 0$$

作出 M_P 图，$\overline{M}_1$ 图（如图 4.3-6）可以求出系数：

$$\delta_{11}=\frac{1}{EI}\times 2\times\left(\frac{1}{2}\times a\times\frac{a}{2}\times\frac{a}{2}\times\frac{2}{3}\times 2\right)+\frac{1}{EA}\times 1\times 1\times 2a=\frac{7a^3}{3EI}$$

$$\Delta_{1p}=\frac{1}{EI}\times\left(\frac{1}{2}\times 2a\times\frac{a}{2}\times\frac{1}{2}\times\frac{qa^2}{2}-\frac{1}{2}\times 2a\times\frac{a}{2}\times\frac{1}{2}\times\frac{3qa^2}{2}\right)=-\frac{qa^4}{4EI}$$

代入力法方程，得 $X_1=\dfrac{3qa}{28}$，即为杆 CD 的轴向力。

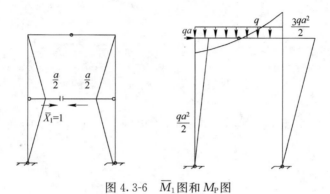

图 4.3-6 $\overline{M}_1$ 图和 M_P 图

【**例 4-3**】 用力法计算图 4.3-7 所示结构，并作 M 图，DE 杆抗弯刚度为 EI，AB 杆抗弯刚度为 $2EI$，BC 杆 $EA=\infty$。（大连理工大学，2003）

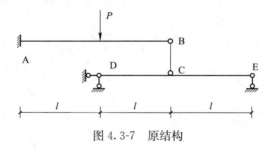

图 4.3-7　原结构

解析： 一次超静定结构，基本体系如图 4.3-8。

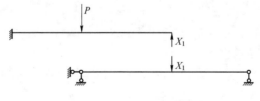

图 4.3-8　基本体系

列出力法方程

$$\delta_{11}X_1+\Delta_{1p}=-\frac{X_1}{EA}$$

作出 $\overline{M}_1$ 图和 M_P 图如图 4.3-9，可求出系数：

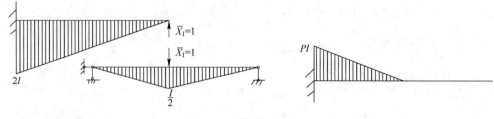

图 4.3-9 $\overline{M}_1$ 图和 M_P 图

$$\delta_{11}=\frac{1}{EI}\times 2\times\frac{1}{2}\times l\times\frac{l}{2}\times\frac{2}{3}\times\frac{l}{2}+\frac{1}{2EI}\times\frac{1}{2}\times 2l\times 2l\times\frac{2}{3}\times 2l=\frac{3l^3}{2EI}$$

$$\Delta_{1p}=-\frac{1}{2EI}\times\frac{1}{2}\times l\times Pl\times\frac{5l}{3}=\frac{-5Pl^3}{12EI}$$

于是可求得 $X_1=\dfrac{5P}{18}$，由 $M=\overline{M}_1 X_1+M_P$ 作出弯矩图如图 4.3-10 所示。

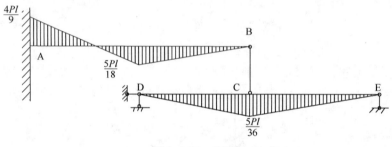

图 4.3-10 M 图

点评：从上述例题分析可以看出，超静定结构在荷载作用下的内力与各杆刚度相对值有关，与绝对值无关。

4.3.2 支座位移及弹性支承

【例 4-4】 如图 4.3-11 所示结构，A 处有支座位移发生（水平向右移动 a，竖直向下移动 b，顺时针转角 c）。各杆件的刚度均为 EI，B 支座处弹簧刚度 $k=\dfrac{EI}{L^3}$。试用两种不同的力法基本体系求解结构的支座反力。（北京交通大学，2003）

解析：本题为一次超静定结构。

(1) 选取基本体系一（如图 4.3-12 所示），由于基本结构中有弹性支座，所以要考虑由

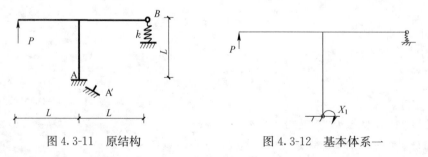

图 4.3-11 原结构　　　　　　图 4.3-12 基本体系一

于弹簧伸缩引起的在去掉多余约束处沿多余未知力方向的位移。列力法方程
$$\delta_{11}X_1+\Delta_{1P}+\Delta_{1c}=c$$
作出 $\overline{M}_1$ 图和 M_P 图如图 4.3-13，可求出系数
$$\delta_{11}=\frac{1}{EI}\times\left(L\times\frac{1}{2}\times1\times\frac{2}{3}+L\times1\times1\right)-\left(-\frac{1}{L}\times\frac{1}{Lk}\right)=\frac{7L}{3EI}$$
$$\Delta_{1p}=\frac{1}{EI}\times\left(\frac{1}{2}\times L\times1\times\frac{2}{3}PL\right)-\left(-\frac{1}{L}\times\frac{P}{k}\right)=\frac{4PL^2}{3EI}$$
$$\Delta_{1c}=-\frac{b}{L}$$

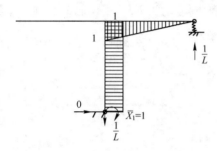
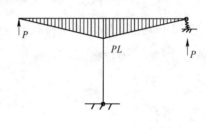

图 4.3-13　$\overline{M}_1$ 图和 M_P 图

代入力法方程求得，$X_1=\dfrac{3EI\left(c+\dfrac{b}{L}\right)-4PL^2}{7L}$

于是可进一步求得 A 支座反力：
$$R_x=0$$
$$R_y=\frac{3EI}{7L^3}(cL+b)+\frac{10P}{7}(\downarrow)$$
$$M=\frac{3EI}{7L^2}(cL+b)-\frac{4PL}{7}(顺时针)$$

B 支座反力：
$$R_y=\frac{3EI}{7L^2}\left(c+\frac{b}{L}\right)+\frac{3P}{7}(\uparrow)$$

（2）取基本体系二如图 4.3-14 所示，列力法方程
$$\delta_{11}X_1+\Delta_{1p}+\Delta_{1c}=-\frac{X_1}{k},$$
由 $\overline{M}_1$ 图和 M_P 图（见图 4.3-15）可以求出系数

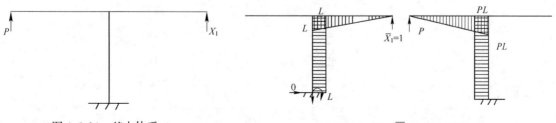

图 4.3-14　基本体系二　　　　　　　图 4.3-15　$\overline{M}_1$ 图和 M_P 图

$$\delta_{11} = \frac{1}{EI} \times \left(L \times \frac{1}{2} \times L \times \frac{2}{3}L + L \times L \times L\right) = \frac{4L^3}{3EI}$$

$$\Delta_{1p} = -\frac{1}{EI} \times (L \times L \times PL) = -\frac{PL^3}{3EI}$$

$$\Delta_{1c} = -1 \times b - L \times c$$

代入力法方程解得：$X_1 = \frac{3EI(b+Lc)}{7L^3} + \frac{3P}{7}$

支座反力同(1)。

【例 4-5】 图 4.3-16 所示刚架，各杆件的抗弯刚度均为 EI，受均布荷载和支座移动共同作用，已知 A 支座处的水平位移和竖直位移分别为 $a = \frac{2ql^4}{3EI}$ 和 $b = \frac{ql^4}{6EI}$。用图 4.3-17 给定的力法基本体系，求解该多余未知力 X。（北京交通大学，2007）

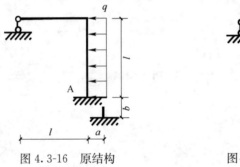

图 4.3-16 原结构   图 4.3-17 力法基本体系

解析： 可以写出力法方程

$$\delta_{11}X + \Delta_{1p} + \Delta_{1c} = -b$$

作出 $\overline{M}_1$ 图和 M_P 图如图 4.3-18，可求出系数

$$\delta_{11} = \frac{1}{EI}\left(\frac{1}{2} \times l \times l \times \frac{2}{3} \times l + l \times l \times l\right) = \frac{4l^3}{3EI}$$

$$\Delta_{1p} = \frac{1}{EI}\left(\frac{1}{3} \times \frac{q}{2}l^2 \times l \times l\right) = \frac{ql^4}{6EI}$$

$$\Delta_{1c} = 0$$

于是有

$$X = -\frac{ql}{8} - \frac{3EIb}{4l^3} = -\frac{ql}{4}$$

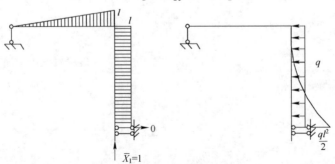

图 4.3-18 $\overline{M}_1$ 图和 M_P 图

【例 4-6】 图 4.3-19 所示带有弹簧支座(弹性刚度为 k)的结构,用力法计算,要求:(1)建立力法方程;(2)计算方程系数和自由项。(浙江大学,1998)

解析: 这是一次超静定结构,取基本体系如图 4.3-20 所示。

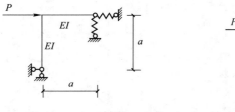
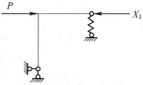

图 4.3-19 原结构　　　　　图 4.3-20 基本体系

力法方程如下:

$$\delta_{11}X_1+\Delta_{1p}=-\frac{X_1}{k}$$

绘出单位弯矩图 $\overline{M}_1$ 和荷载弯矩图 M_P(见图 4.3-21)便可求出系数和自由项,注意要考虑由于弹簧伸缩引起的在去掉多余约束处沿多余未知力方向的位移。

$$\delta_{11}=\frac{1}{EI}\times a\times\frac{1}{2}\times a\times\frac{2}{3}a\times 2-\left(-1\times\frac{1}{k}\right)=\frac{2a^3}{3EI}+\frac{1}{k}$$

$$\Delta_{1p}=-\frac{1}{EI}\times\left(\frac{1}{2}\times Pa\times a\times\frac{2}{3}a\times 2\right)-\left(1\times\frac{P}{k}\right)=-\frac{2Pa^3}{3EI}-\frac{P}{k}$$

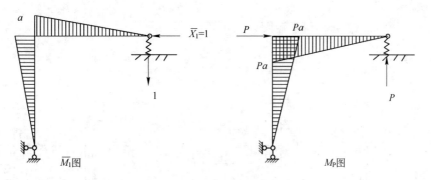

图 4.3-21 $\overline{M}_1$ 图和 M_P 图

【例 4-7】 图 4.3-22 所示结构 B 支座的弹性支承转动刚度 $k=\dfrac{3EI}{l}$,试用力法求解,并作弯矩图。(浙江大学,1999)

解析: 这是一次超静定结构。

解法一: 首先保留弹性支承,取基本体系如图 4.3-23 所示。

力法方程:

$$\delta_{11}X_1+\Delta_{1p}=0$$

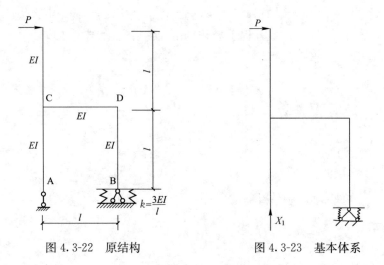

图 4.3-22　原结构　　　　　图 4.3-23　基本体系

绘出单位弯矩图 $\overline{M}_1$ 和荷载弯矩图 M_P（见图 4.3-24）便可求出系数和自由项。注意由于基本体系中保留了弹性支承，所以要考虑由于弹簧引起的在去掉多余约束处沿多余未知力方向的位移。

$$\delta_{11} = \frac{1}{EI} \times \left(\frac{1}{2} \times l \times l \times l \times \frac{2}{3} + l \times l \times l \right) + \frac{l}{k} \times l = \frac{5l^3}{3EI}$$

$$\Delta_{1P} = \frac{1}{EI} \times \left(\frac{1}{2} \times l \times l \times Pl + \frac{1}{2} \times l \times l \times 3Pl \right) + \frac{2Pl}{k} \times l = \frac{8Pl^3}{3EI}$$

代入力法方程解得：$X_1 = -\frac{8P}{5}$

最终由 $M = \overline{M}_1 X_1 + M_P$ 得弯矩图如图 4.3-25 所示。

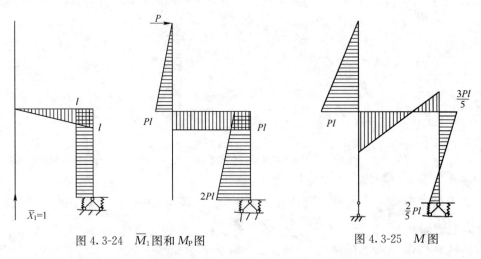

图 4.3-24　$\overline{M}_1$ 图和 M_P 图　　　　　图 4.3-25　M 图

解法二：去掉抗弯弹簧，取基本体系如图 4.3-26 所示。
此时力法方程为

$$\delta_{11} X_1 + \Delta_{1P} = -\frac{X_1}{k}$$

作出 $\overline{M}_1$ 图和 M_P 图，如图 4.3-27 所示，可以求出：

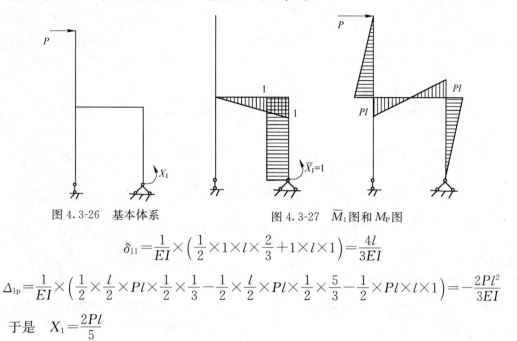

图 4.3-26　基本体系　　　图 4.3-27　$\overline{M}_1$ 图和 M_P 图

$$\delta_{11}=\frac{1}{EI}\times\left(\frac{1}{2}\times 1\times l\times\frac{2}{3}+1\times l\times 1\right)=\frac{4l}{3EI}$$

$$\Delta_{1p}=\frac{1}{EI}\times\left(\frac{1}{2}\times\frac{l}{2}\times Pl\times\frac{1}{2}\times\frac{1}{3}-\frac{1}{2}\times\frac{l}{2}\times Pl\times\frac{1}{2}\times\frac{5}{3}-\frac{1}{2}\times Pl\times l\times 1\right)=-\frac{2Pl^2}{3EI}$$

于是　　$X_1=\dfrac{2Pl}{5}$

最终由 $M=\overline{M}_1 X_1+M_P$ 得弯矩图如图 4.3-25 所示。

点评：从对以上两种不同基本体系的求解可以看出，如果结构中有弹簧支座，一般去掉弹性支承，取弹簧的约束力为基本未知量，可使计算较简便。

【**例 4-8**】用力法求解图 4.3-28 所示结构，只需求到系数和自由项。（华中科技大学，2007）

解析：这是一次超静定结构，取基本体系如图 4.3-29 所示。

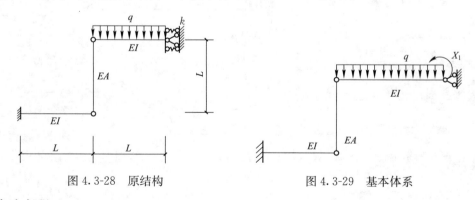

图 4.3-28　原结构　　　图 4.3-29　基本体系

力法方程：

$$\delta_{11}X_1+\Delta_{1p}=-\frac{X_1}{k}$$

绘出单位弯矩图 $\overline{M}_1$ 和荷载弯矩图 M_P 如图 4.3-30 所示，利用图乘法可求出系数和自由项，注意这里是组合结构，所以有

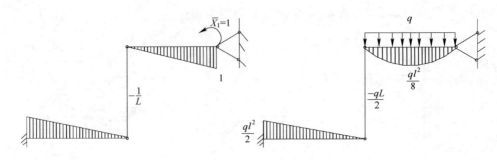

图 4.3-30 $\overline{M}_1$ 图和 M_P 图

$$\delta_{11}=\frac{1}{EI}\times2\times1\times\frac{1}{2}\times L\times\frac{2}{3}+\frac{1}{EA}\times L\times\left(\frac{1}{L}\right)^2=\frac{2L}{3EI}+\frac{1}{EAL}$$

$$\Delta_{1p}=\frac{1}{EI}\left(L\times\frac{1}{2}\times\frac{2}{3}\times\frac{q}{2}L^2+\frac{1}{2}\times\frac{2}{3}L\times\frac{qL^2}{8}\right)+\frac{1}{EA}\times\frac{1}{L}\times\frac{qL}{2}\times L=\frac{5qL^3}{24EI}+\frac{qL}{2EA}$$

【例 4-9】 用力法作图 4.3-31 所示结构 M 图，$E=$ 常数。（北京交通大学，2000）

解析： 这是一次超静定组合结构。去掉链杆，取基本体系如图 4.3-32 所示。

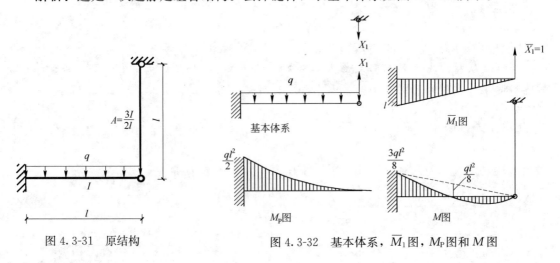

图 4.3-31 原结构　　　图 4.3-32 基本体系，$\overline{M}_1$ 图，M_P 图和 M 图

力法方程：

$$\delta_{11}X_1+\Delta_{1p}=-\frac{X_1}{EA}\times l$$

绘出单位弯矩图 $\overline{M}_1$ 和荷载弯矩图 M_P，如图 4.3-32 所示，利用图乘法可求出系数和自由项

$$\delta_{11}=\frac{1}{EI}\times l\times\frac{1}{2}\times l\times\frac{2}{3}l=\frac{l^3}{3EI}$$

$$\Delta_{1p}=-\frac{1}{EI}\times\frac{1}{3}\times l\times\frac{q}{2}l^2\times\frac{3}{4}l=-\frac{ql^4}{8EI}$$

代入力法方程得：$X_1=\dfrac{q}{8}l$

根据 $M=\overline{M}_1X_1+M_P$ 可作出弯矩图如图 4.3-32 所示。

4.3.3 温度变化及制造误差

【例 4-10】 已知图 4.3-33 所示各杆长均为 a，EI 为常数，截面为矩形，截面高度 h，线膨胀系数 α，当内部温度升高 $1℃$，外面温度不变时，试作弯矩图。（哈尔滨工业大学）

解析： 利用对称性取四分之一结构如图 4.3-34(a) 所示，该结构依然是对称结构，再取半结构后得基本体系如图 4.3-34(b) 所示。

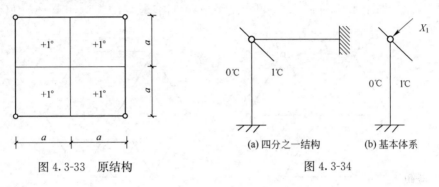

图 4.3-33 原结构

(a) 四分之一结构　　(b) 基本体系

图 4.3-34

基本方程：

$$\delta_{11}X_1+\Delta_t=0,$$

依题，$t=0.5℃$，$\Delta t=1℃$。

作出 $\overline{M}_1$ 图如图 4.3-35 所示，有

$$\delta_{11}=\frac{1}{EI}\times\frac{1}{2}\times a\times\frac{\sqrt{2}}{2}a\times\frac{2}{3}\times\frac{\sqrt{2}}{2}a=\frac{a^3}{6EI}$$

$$\Delta_t=-\alpha\times t\times\frac{\sqrt{2}}{2}a+\frac{\alpha\times\Delta t}{h}\times\left(\frac{1}{2}\times a\times\frac{\sqrt{2}}{2}a\right)=\frac{\sqrt{2}\alpha a}{4}\left(\frac{a}{h}-1\right)$$

得

$$X_1=-\frac{3\sqrt{2}\alpha EI}{2a^2}\left(\frac{a}{h}-1\right)$$

则可绘出弯矩图 $M=\overline{M}_1X_1$，并利用对称性得到原结构的弯矩图如图 4.3-36 所示。

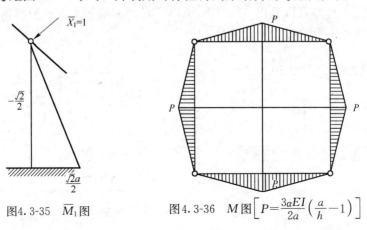

图4.3-35　$\overline{M}_1$ 图　　图4.3-36　M 图 $\left[P=\frac{3\alpha EI}{2a}\left(\frac{a}{h}-1\right)\right]$

【例 4-11】 图 4.3-37 所示平面链杆体系各杆及 EA 均相同，杆 AB 的制作长度短了 Δ，现将其拉伸拼装就位，试求该杆轴力和长度。（同济大学）

解析：这是一次超静定结构，截断 AB 杆，取基本体系如图 4.3-38 所示。

可建立力法方程
$$\delta_{11}X_1 + \Delta_{1c} = 0$$

作出 $\overline{N}_1$ 图（如图 4.3-39 所示），可求出系数和自由项

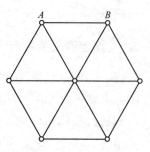

图 4.3-37 原结构

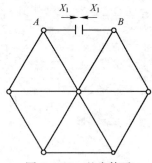

图 4.3-38 基本体系

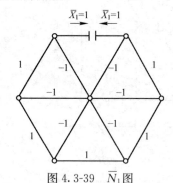

图 4.3-39 $\overline{N}_1$ 图

$$\delta_{11} = \Sigma \frac{\overline{N}_i^2 l}{Ea} = \frac{1^2 \times l}{EA} \times 12 = \frac{12l}{EI}$$

$$\Delta_{1c} = \Sigma \overline{N}_i \Delta l = 1 \times (-\Delta) = -\Delta$$

于是可求得 AB 杆轴力 $N_{AB} = X_1 = \dfrac{\Delta}{\delta_{11}} = \dfrac{EA\Delta}{12l}$

AB 杆长度 $l_{AB} = l - \Delta + \dfrac{N_{AB}(l-\Delta)}{Ea} = l - \Delta + \dfrac{\Delta(l-\Delta)}{12l} \approx l - \dfrac{11\Delta}{12}$

【例 4-12】 图 4.3-40 所示对称结构链杆 BG 的刚度 $EA = \infty$，其他各杆的 EI 为常数，已知 BG 由于制造误差长度缩短了 $\delta = \dfrac{ql^4}{12EI}$，结构还受图示荷载作用，试用力法求解弯矩图。（浙江大学，2003）

解析：利用对称性可以看出 AD，DF，CE，EH 杆只有轴力，故原结构为一次超静定。去掉 BG 杆得基本体系如图 4.3-41 所示。

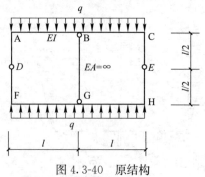

图 4.3-40 原结构

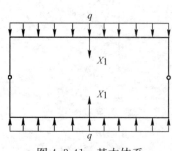

图 4.3-41 基本体系

建立力法方程

$$\delta_{11}X_1 + \Delta_{1p} = \delta$$

作出 $\overline{M}_1$ 图和 M_P 图（如图 4.3-42 所示），可以求出

$$\delta_{11} = \frac{1}{EI} \times 4 \times \frac{1}{2} \times l \times \frac{l}{2} \times \frac{l}{2} \times \frac{2}{3} = \frac{l^3}{3EI}$$

$$\Delta_{1p} = \frac{1}{EI} \times 4 \times \frac{2}{3} \times l \times \frac{q}{2}l^2 \times \frac{5}{8} \times \frac{l}{2} = \frac{5ql^4}{12EI}$$

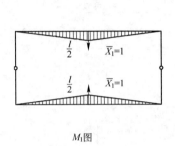 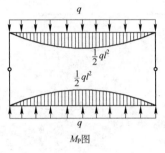

图 4.3-42　$\overline{M}_1$ 图和 M_P 图

于是得 $X_1 = -ql$

根据 $M = \overline{M}_1 X_1 + M_P$ 可作出弯矩图如图 4.3-43 所示。

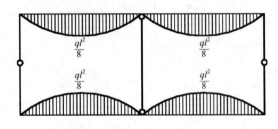

图 4.3-43　M 图

点评：该问题也可以利用对称性取 $\frac{1}{4}$ 结构求解。

4.3.4　对称性

【**例 4-13**】　作图 4.3-44 所示结构的 M 图，ABC 与 DBE 部分杆件的弯曲刚度为 $2EI$，其余部分杆件的弯曲刚度为 EI。（北京交通大学，2006）

解析：首先易求得支座反力如图 4.3-45(a) 所示，将荷载分为正对称部分 [图 4.3-45(b)] 和反对称部分 [图 4.3-45(c)] 的叠加。

易知图 (b) 所示正对称荷载作用下，只有三根竖杆受轴力，在不考虑轴向变形情况下结构的弯矩和剪力为零。因此

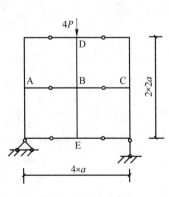

图 4.3-44　原结构

只需讨论反对称情况，将图(c)取半结构如图(d)。

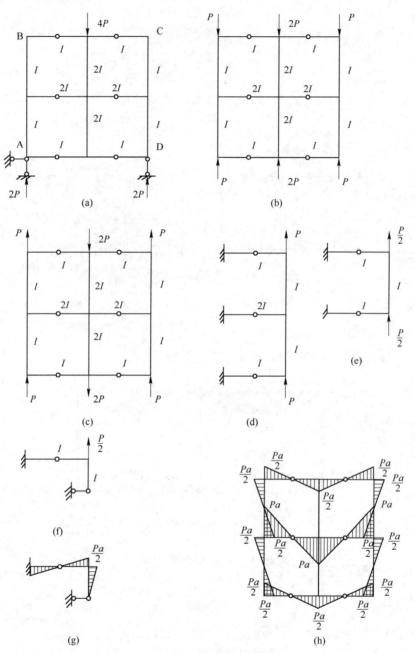

图 4.3-45　半结构及弯矩图

图(d)为对称结构受反对称荷载，再简化取半结构得图(e)，继续取半结构得图(f)，图(f)为静定结构，易得弯矩图如图(g)所示。

最终结构弯矩图如图 4.3-45(h)所示。

【例 4-14】　利用力法并取半结构求解图 4.3-46 所示超静定刚架，并作 M 图，EI 为常

数。(北京交通大学,2008)

解析: 图 4.3-46 所示结构为对称结构作用正对称荷载,中间竖柱仅有轴力。又由于竖柱下端仅有水平链杆支承,故轴力亦为零。取半结构如图 4.3-47 所示。

这是一次超静定结构,取基本体系如图 4.3-48 所示。

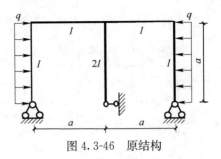

图 4.3-46 原结构

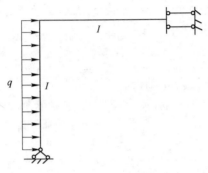

图 4.3-47 半结构

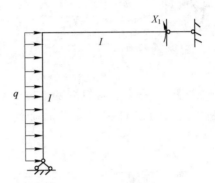

图 4.3-48 基本体系

建立力法方程

$$\delta_{11}X_1 + \Delta_{1p} = 0$$

作出 $\overline{M}_1$ 图和 M_P 图如图 4.3-49 所示,可以求得

$$\delta_{11} = \frac{1}{EI} \times \left(1 \times a \times 1 + \frac{1}{2} \times 1 \times a \times \frac{2}{3} \times 1\right) = \frac{4a}{3EI}$$

$$\Delta_{1p} = \frac{1}{EI} \times \frac{2}{3} \times a \times \frac{q}{8}a^2 \times \frac{1}{2} = -\frac{qa^3}{24EI}$$

于是有

$$X_1 = -\frac{q}{32}a^2$$

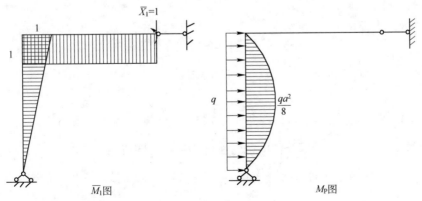

图 4.3-49 $\overline{M}_1$ 图和 M_P 图

根据 $M=\overline{M}_1 X_1+M_P$ 可作出弯矩图如图 4.3-50 所示。

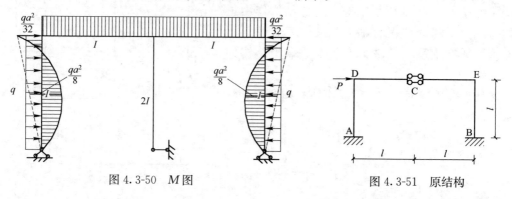

图 4.3-50　M 图　　　　　图 4.3-51　原结构

【例 4-15】　不考虑杆件轴向变形，作图 4.3-51 所示结构的 M 图，$EI=$ 常数。

解析：图示结构对称，可以把荷载分解为正对称部分和反对称部分如图 4.3-52 所示。

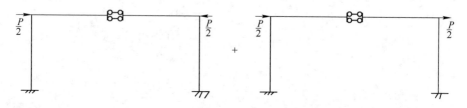

图 4.3-52　正对称部分和反对称部分

易知，正对称部分无弯矩，反对称部分取一半为静定结构，可直接作出弯矩图如图 4.3-53 所示。

于是可得最终弯矩图如图 4.3-54 所示。

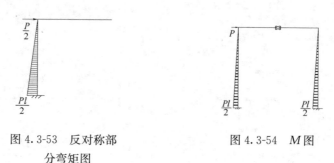

图 4.3-53　反对称部　　　　图 4.3-54　M 图
　　　　分弯矩图

【例 4-16】　用力法求解图 4.3-55 所示结构并作 M 图。链杆仅考虑轴向变形，且二力杆的横截面积为 $A=\dfrac{16I}{l^2}$，受弯杆件的抗弯刚度为 EI。（同济大学，2002）

解析：半结构如图 4.3-56(a)所示，其为一次超静定结构，取基本体系如图 4.3-56(b)所示。

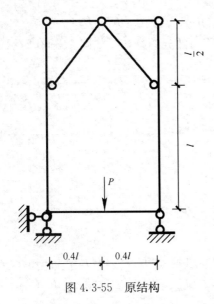
图 4.3-55 原结构

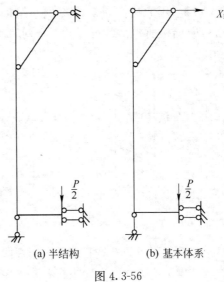
图 4.3-56

建立力法方程
$$\delta_{11}X_1 + \Delta_{1p} = 0$$

作出 $\overline{M}_1$ 图和 M_P 图如图 4.3-57 所示，可以求得

$$\delta_{11} = \frac{1}{EI} \times \left(\frac{1.5l}{2} \times 1.5l \times 1.5l \times \frac{2}{3} \times 1.5l \times 0.4l \times 1.5l\right) + \frac{1^2 \times 0.4l}{EA} = \frac{2.05l^3}{EI}$$

$$\Delta_{1p} = \frac{1}{EI} \times \left(\frac{1}{2} \times 0.4l \times 0.2Pl \times 1.5l\right) = \frac{0.06Pl^3}{EI}$$

得
$$X_1 = -\frac{6P}{205}$$

根据 $M = \overline{M}_1 X_1 + M_P$ 可作出弯矩图如图 4.3-58 所示。

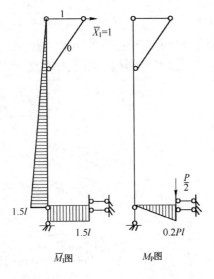

图 4.3-57 $\overline{M}_1$ 图和 M_P 图

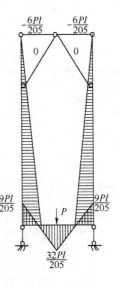

图 4.3-58 M 图

【例 4-17】 用力法作图 4.3-59 所示结构 M 图（EI 为常数）。（东南大学，2003）

解析： 原结构所受荷载可以看成正对称和反对称两部分的叠加，如图 4.3-60 所示。

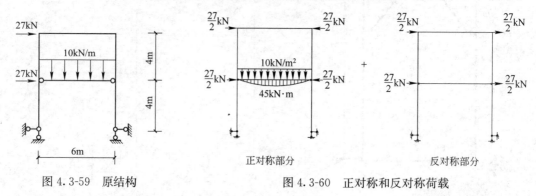

图 4.3-59　原结构　　　　图 4.3-60　正对称和反对称荷载

正对称荷载作用下只有均布荷载作用杆段有弯矩如图 4.3-60，反对称荷载作用下取半结构，为静定结构，可直接作出弯矩图如图 4.3-61 所示。则原结构 M 图如图 4.3-62 所示。

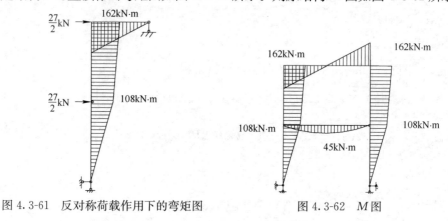

图 4.3-61　反对称荷载作用下的弯矩图　　　图 4.3-62　M 图

【例 4-18】 求图 4.3-63 所示结构杆 AB 轴力，其中杆 AB 抗拉刚度 EA，其他各杆弯曲刚度为 EI，除杆 AB 外其他各杆不考虑轴力和剪力对位移的影响。（天津大学，2000）

解析： 图 4.3-63 所示结构支座反力为零，是对称结构作用正对称荷载，如图 4.3-64，可利用对称性进行求解。

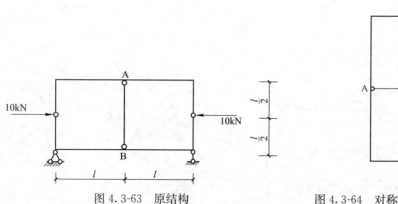

图 4.3-63　原结构　　　　图 4.3-64　对称结构受正对称荷载作用

解法一： 取半结构，为一次超静定，基本体系如图 4.3-65 所示。
建立力法方程
$$\delta_{11}X_1+\Delta_{1p}=0$$
作出 $\overline{M}_1$ 图和 M_P 图（如图 4.3-66 所示），可以求得
$$\delta_{11}=\frac{1}{EI}\times\left(l\times\frac{1}{2}\times\frac{l}{2}\times\frac{l}{2}\times\frac{2}{3}\times2\right)+\frac{1\times1\times l/2}{EA}=\frac{l^3}{6EI}+\frac{l}{2EA}$$
$$\Delta_{1p}=-\frac{1}{EI}\times\frac{1}{2}\times2l\times\frac{1}{2}l\times\frac{5}{2}l=-\frac{5l^3}{4EI}$$
于是求得轴力
$$N_{AB}=X_1=\frac{5l^3}{4EI}\Big/\left(\frac{l}{2EA}+\frac{l^3}{6EI}\right)$$

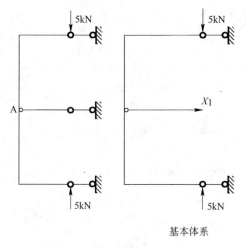

基本体系

图 4.3-65 半结构及基本体系

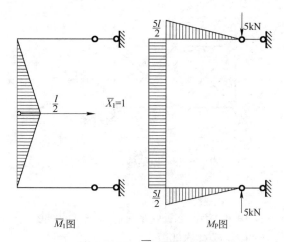

$\overline{M}_1$ 图 M_P 图

图 4.3-66 $\overline{M}_1$ 图和 M_P 图

解法二： 原结构有两个对称轴，取 $\frac{1}{4}$ 结构，弹性杆等价为弹簧支座，仍为一次超静定结构。取基本体系如图 4.3-67 所示。

其中 $k=\dfrac{EA}{l}$，轴力 $N_{AB}=2X_1$

建立力法方程
$$\delta_{11}X_1+\Delta_{1p}=\frac{-X_1}{k}=\frac{-X_1 l}{EA}$$

同理可以求出

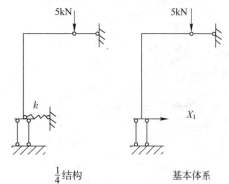

图 4.3-67 $\frac{1}{4}$ 结构及其基本体系

$$\delta_{11}=\frac{1}{EI}\times\left(\frac{1}{2}\times l\times l\times\frac{2}{3}\times l\right)=\frac{l^3}{3EI}$$

$$\Delta_{1p}=-\frac{1}{EI}\times\frac{1}{2}\times l\times l\times\frac{5}{2}l=-\frac{5l^3}{4EI}$$

于是解得
$$X_1=\frac{5l^3}{4EI}\Big/\left(\frac{l}{EA}+\frac{l^3}{3EI}\right)$$

所求轴力 $N_{AB}=2X_1=\dfrac{5l^3}{4EI}\Big/\Big(\dfrac{l}{2EA}+\dfrac{l^3}{6EI}\Big)$

取四分之一结构时亦可以将 A 端简化为固定支座，但支座水平方向发生大小为 $\dfrac{X_1 l}{EA}$ 的位移，方向与 X_1 方向相反，X_1 为支座处水平反力。

【例 4-19】 用力法求图 4.3-68 所示桁架 DB 杆内力。各杆 EA 相同。（华南理工大学，2007）

解析： 图示结构为对称结构，可把荷载分解为正对称部分和反对称部分的叠加，见图 4.3-69。

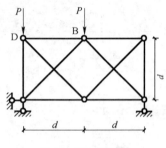

图 4.3-68　原结构

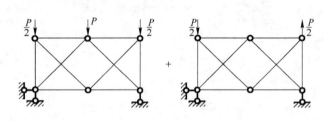

图 4.3-69　正对称和反对称荷载

（1）正对称部分

由 K 结点处结点平衡并利用对称性易得 $N_{DB}=0$，见图 4.3-70。

（2）反对称部分

半结构为一次超静定，取基本体系如图 4.3-71 所示。

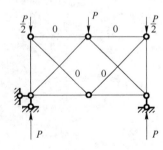

图 4.3-70　正对称荷载下的内力

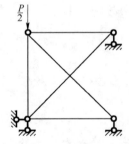
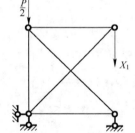

图 4.3-71　反对称荷载下的半结构及其基本体系

建立力法方程

$$\delta_{11}X_1+\Delta_{1p}=0$$

作出 $\overline{N}_1$ 图和 N_P 图如图 4.3-72 所示，可以求出

$$\delta_{11}=\dfrac{1}{EA}\times(3a+\sqrt{2}\times\sqrt{2}\times\sqrt{2}a\times 2)=\dfrac{(3+4\sqrt{2})a}{EA}$$

$$\Delta_{1p}=-\dfrac{1}{EA}\times 1\times\dfrac{P}{2}\times a=-\dfrac{Pa}{2EA}$$

于是可求解得
$$X_1 = \frac{P}{2(3+4\sqrt{2})}$$

即
$$N_{DB} = \frac{P}{2(3+4\sqrt{2})}$$

则对于整体结构，可得 DB 杆轴力
$$N_{DB} = \frac{P}{2(3+4\sqrt{2})}$$

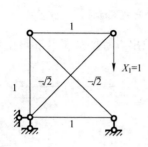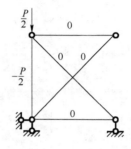

图 4.3-72　$\overline{N}_1$ 图和 N_P 图

【例 4-20】 用力法求解图 4.3-73 所示结构。(1)请利用对称性取半刚架，(2)对半刚架求解力法方程。(华中科技大学，2004)

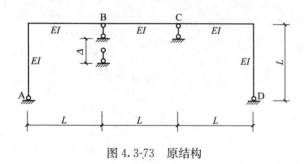

图 4.3-73　原结构

解析：图示为对称结构，将其支座位移分解为正对称部分和反对称部分，如图 4.3-74 所示。

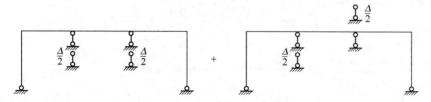

图 4.3-74　正对称和反对称支座位移

（1）正对称部分

取半结构，为二次超静定结构，取基本体系如图 4.3-75 所示。建立力法方程
$$\begin{cases} \delta_{11}X_1 + \delta_{12}X_2 + \Delta_{1c} = 0 \\ \delta_{21}X_1 + \delta_{22}X_2 + \Delta_{2c} = 0 \end{cases}$$

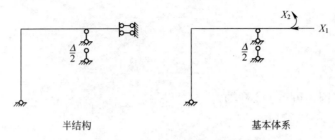

图 4.3-75　半结构及其基本体系

作出 $\overline{M}_1$ 图和 $\overline{M}_2$ 图如图 4.3-76 所示，可以求出方程中的系数和自由项：

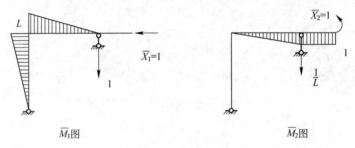

图 4.3-76　$\overline{M}_1$ 图和 $\overline{M}_2$ 图

$$\delta_{11}=\frac{1}{EI}\times\left(2\times\frac{1}{2}\times L\times L\times\frac{2}{3}L\right)=\frac{2L^3}{3EI}$$

$$\delta_{22}=\frac{1}{EI}\times\left(\frac{1}{2}\times L\times 1\times 1+\frac{1}{2}\times 1\times L\times\frac{2}{3}\times 1\right)=\frac{5L}{6EI}$$

$$\delta_{12}=-\frac{1}{EI}\times\frac{1}{2}\times 1\times L\times\frac{2}{3}\times L=-\frac{L^2}{3EI}$$

$$\Delta_{1c}=-\frac{\Delta}{2}$$

$$\Delta_{2c}=-\frac{\Delta}{2L}$$

于是得
$$X_1=\frac{21EI}{16L^3}\times\Delta$$

$$X_2=\frac{9EI}{8L^3}\times\Delta$$

(2) 反对称部分

半结构为一次超静定结构，取基本体系如图 4.3-77 所示。

建立力法方程

$$\delta_{11}X_1+\Delta_{1c}=0$$

作出 $\overline{M}_1$ 图如图 4.3-78 所示，可以求出方程中的系数和自由项：

$$\delta_{11}=\frac{1}{EI}\times\left(\frac{1}{2}\times L\times\frac{L}{2}\times\frac{2}{3}\times\frac{L}{2}+\frac{1}{2}\times\frac{L}{2}\times\frac{L}{2}\times\frac{2}{3}\times\frac{L}{2}\right)=\frac{L^3}{8EI}$$

$$\Delta_{1c}=-\frac{3\Delta}{4}$$

解得 $X_1 = \dfrac{6EI}{L^3} \times \Delta$

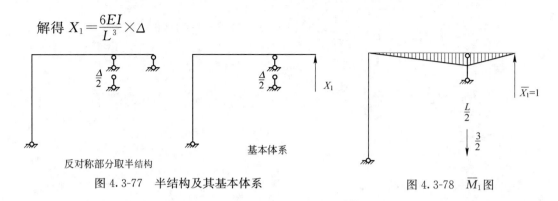

图 4.3-77　半结构及其基本体系　　　　图 4.3-78　$\overline{M}_1$ 图

4.3.5　综合

【例 4-21】 用力法计算图 4.3-79 所示结构，并作 M 图。

解析： 结构上部为静定部分，可直接求得弯矩图如图 4.3-80 所示。

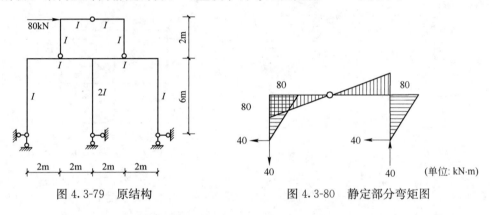

图 4.3-79　原结构　　　　图 4.3-80　静定部分弯矩图

结构下部为对称结构作用反对称荷载，其半结构为一次超静定结构，基本体系如图 4.3-81 所示。

建立力法方程

$$\delta_{11} X_1 + \Delta_{1p} = 0$$

作出 $\overline{M}_1$ 图和 M_p 图如图 4.3-82 所示，可以求得

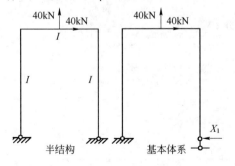
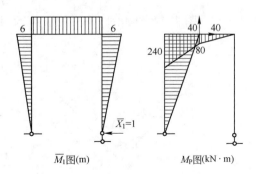

图 4.3-81　半结构及其基本体系　　　　图 4.3-82　$\overline{M}_1$ 图和 M_P 图（单位：kN·m）

$$\delta_{11} = \frac{1}{EI} \times \left(\frac{1}{2} \times 6 \times 6 \times \frac{2}{3} \times 6 \times 2 + 6 \times 4 \times 6 \right)$$

$$= \frac{288}{EI} \mathrm{m}^3$$

$$\Delta_{1p} = -\frac{1}{EI} \times \left(\frac{1}{2} \times 6 \times 240 \times \frac{2}{3} \times 6 + \frac{1}{2} \times 6 \times 2 \times 160 + 80 \times 2 \times 6 + \frac{1}{2} \times 80 \times 6 \times 2 \right)$$

$$= -\frac{80 \times 66}{EI} \mathrm{kN \cdot m^3}$$

解得 $X_1 = \frac{55}{3} \mathrm{kN}$

最终由 $M = \overline{M}_1 X_1 + M_P$ 得弯矩图如图 4.3-83 所示。

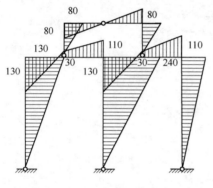

图 4.3-83 M 图（单位：kN·m）

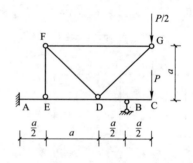

图 4.3-84 原结构

【例 4-22】 用力法作图 4.3-84 所示结构 AC 梁的弯矩图（AC 梁 EI 为常数）。（西南交通大学，2004）

解析：上部分是静定部分，可直接求得各杆件轴力如图 4.3-85。

AC 梁一次超静定，取基本体系如图 4.3-86 所示。

建立力法方程

$$\delta_{11} X_1 + \Delta_{1p} = 0$$

作出 $\overline{M}_1$ 图和 M_P 图如图 4.3-87 所示，可以求得

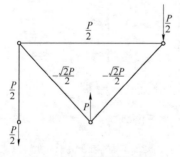

图 4.3-85 静定部分轴力

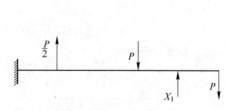

图 4.3-86 基本体系

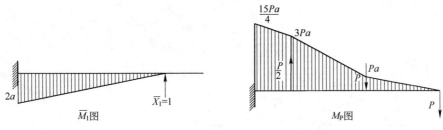

图 4.3-87 $\overline{M}_1$ 图和 M_P 图

$$\delta_{11}=\frac{1}{EI}\times\left(\frac{1}{2}\times 2a\times 2a\times\frac{2}{3}\times 2a\right)=\frac{8a^3}{3EI}$$

$$\Delta_{1P}=-\frac{1}{EI}\left(\frac{5Pa^3}{48}+\frac{7Pa^3}{12}+\frac{19Pa^3}{12}+\frac{95Pa^3}{36}\right)=\frac{-503Pa^3}{96EI}$$

解得
$$X_1=\frac{503P}{256}$$

最终由 $M=\overline{M}_1X_1+M_P$ 得弯矩图如图 4.3-88 所示。

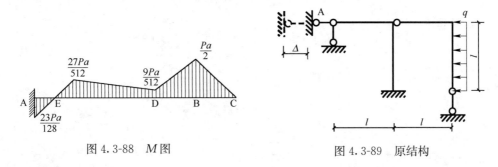

图 4.3-88 M 图   图 4.3-89 原结构

【**例 4-23**】 图 4.3-89 所示刚架，各杆件的刚度均为 EI，受图示均布荷载作用，在支座 A 处有水平位移 Δ。试用力法分析支座 A 处水平链杆反力的性质(拉、压)与 Δ 的关系。(北京交通大学，2004)

解析：右边附属部分为静定结构，可以求解出约束反力如图 4.3-90 所示。

左边基本部分二次超静定，取基本体系如图 4.3-91 所示。

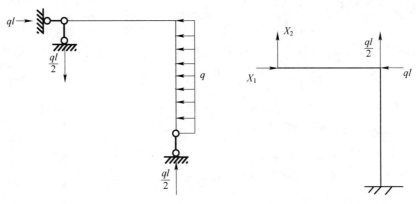

图 4.3-90 静定部分约束反力   图 4.3-91 基本体系

建立力法方程

$$\begin{cases} \delta_{11}X_1+\delta_{12}X_2+\Delta_{1p}=-\Delta \\ \delta_{21}X_1+\delta_{22}X_2+\Delta_{2p}=0 \end{cases}$$

作出 $\overline{M}_1$ 图，$\overline{M}_2$ 图和 M_P 图如图 4.3-92 所示，可以求得

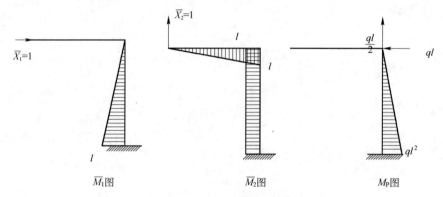

图 4.3-92　$\overline{M}_1$ 图，$\overline{M}_2$ 图和 M_P 图

$$\delta_{11}=\frac{1}{EI}\times\left(\frac{1}{2}\times l\times l\times\frac{2}{3}l\right)=\frac{l^3}{3EI}$$

$$\delta_{22}=\frac{1}{EI}\times\left(\frac{1}{2}\times l\times l\times\frac{2}{3}l+l\times l\times l\right)=\frac{4l^3}{3EI}$$

$$\delta_{12}=\frac{1}{EI}\times\frac{1}{2}\times l\times l\times l=\frac{l^3}{2EI}$$

$$\Delta_{1p}=-\frac{1}{EI}\times\left(\frac{1}{2}\times l\times l\times\frac{2ql^2}{3}\right)=-\frac{ql^4}{3EI}$$

$$\Delta_{2p}=-\frac{1}{EI}\times\left(l\times l\times\frac{ql^2}{2}\right)=-\frac{Pl^4}{2EI}$$

于是可解得支座 A 处水平链杆反力 $X_1=ql-\dfrac{48EI}{7l^3}\times\Delta$

当 $\Delta>\dfrac{7ql^4}{48EI}$ 时，链杆反力为拉力；

当 $\Delta<\dfrac{7ql^4}{48EI}$ 时，链杆反力为压力。

【例 4-24】　试用力法分析图 4.3-93 所示结构，并作出其弯矩图。已知荷载作用之前，梁与 C 支座之间存在一间隙 $d=\dfrac{l}{600}$。（同济大学，2005）

解析：（1）若加载后梁与支座 C 仍未接触，容易绘出静定梁弯矩图如图 4.3-94(a)所示。

（2）若加载后梁与支座 C 接触，则原问题可等效为支座 C 处不存在间隙的超静定梁受均布荷载作用，同时支座 C 发生竖向位移 d 的情况。

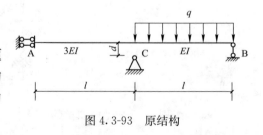

图 4.3-93　原结构

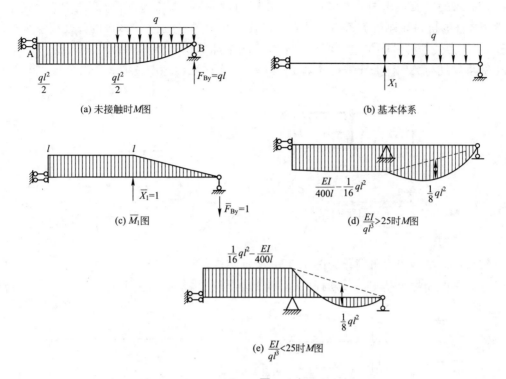

图 4.3-94　基本体系，$\overline{M}_1$ 图，M_P 图和 M 图

取基本体系如图 4.3-94(b)所示，力法方程为：

$$\delta_{11}X_1+\Delta_{1p}=-d$$

作出 $\overline{M}_1$ 图如图 4.3-94(c)所示，M_P 图即为加载后梁与支座未接触时的 M 图，见图 4.3-94(a)，于是可以求得

$$\delta_{11}=\frac{2l^3}{3EI}$$

$$\Delta_{1p}=-\frac{3ql^4}{8EI}$$

解得　$X_1=\frac{9ql}{16}-\frac{EI}{400l^2}$

由 $M=\overline{M}_1X_1+M_P$ 得 AC 杆杆端弯矩

$$M_{AC}=\frac{EI}{400l}-\frac{ql^2}{16}$$

可见当 $\frac{EI}{ql^3}>25$ 时，$M_{AC}>0$，M 图如图 4.3-94(d)所示；

$\frac{EI}{ql^3}<25$ 时，$M_{AC}<0$，M 图如图 4.3-94(e)所示；

特别地，当 $\frac{EI}{ql^3}=25$ 时，AC 杆弯矩为零，CB 杆弯矩同静定简支梁。

【例 4-25】 试绘出图 4.3-95(a)中 AB 杆的轴力 N(以压为正)与荷载 P 的关系曲线。图中 AB 杆的抗拉压刚度 $E'A_0=3kEI/a^2$,其中 E' 和 A_0 分别为 AB 杆的弹性模量和横截面面积,EI 为其他杆件的抗弯刚度且为常数;图中除 AB 杆外,其他杆件的 $EA=\infty$;k 为一比例系数且与 AB 杆的压缩量 δ 满足图 4.3-95(b)所示关系。(北京交通大学,2008)

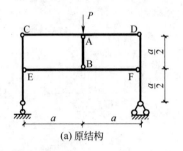
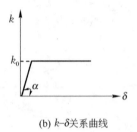

(a) 原结构   (b) k-δ 关系曲线

图 4.3-95

解析: 原结构受力可简化为图 4.3-96 所示结构。

这是一次超静定结构,截断杆 AB,得基本体系如图 4.3-97 所示。

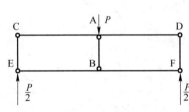
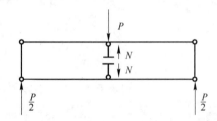

图 4.3-96   图 4.3-97 基本体系

建立力法方程

$$\delta_{11}N+\Delta_{1p}=0$$

作出 $\overline{M}$ 图,$\overline{N}$ 图和 M_P 图如图 4.3-98 所示,可以求出

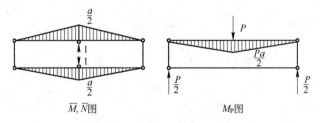

图 4.3-98 $\overline{M}$ 图,$\overline{N}$ 图和 M_P 图

$$\delta_{11}=\frac{4}{EI}\times\frac{1}{2}\times\frac{a}{2}\times a\times\frac{2}{3}\times\frac{a}{2}+1^2\times\frac{a}{2}\times\frac{1}{E'A_0}=\frac{a^3}{3EI}+\frac{a^3}{6kEI}=\frac{a^3}{EI}\left(\frac{1}{3}+\frac{1}{6k}\right)$$

$$\Delta_{1p}=-\frac{2}{EI}\times\frac{1}{2}\times\frac{Pa}{2}\times a\times\frac{2}{3}\times\frac{a}{2}=-\frac{Pa^3}{6EI}$$

代入力法方程,得 AB 杆轴力

$$N=\frac{P}{2+\dfrac{1}{k}}$$

AB 杆压缩量 $\delta = \dfrac{N}{E'A_0} \times \dfrac{a}{2} = \dfrac{Na^3}{6kEI}$ (a)

当 $\delta < \dfrac{k_0}{\tan\alpha}$ 时，$\delta = \dfrac{k}{\tan\alpha}$，代入式(a)，得 $k^2 = \dfrac{a^3 \tan\alpha}{6EI} N$

代入力法方程，得 $4N^2 - \left(4P + \dfrac{6EI}{a^3 \tan\alpha}\right) N + P^2 = 0$

当 $\delta \geqslant \dfrac{k_0}{\tan\alpha}$ 时，$k = k_0$ 时，代入力法方程，得 $N = \dfrac{P}{2 + \dfrac{1}{k_0}}$

得 N-P 曲线如图 4.3-99 所示。

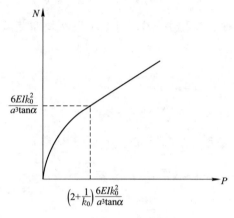

图 4.3-99　N-P 曲线

【**例 4-26**】 如图 4.3-100 所示，一无限长钢轨自由放在刚性地基上，已知钢轨的密度为 ρ，横断面积为 A，与弯曲方向相对应的弯曲刚度为 EI。试从结构力学角度出发，建立起吊力 F 与起吊高度 h 及起吊部分长度 l 间应满足的关系 ($h \ll l$)。(北京交通大学，2011)

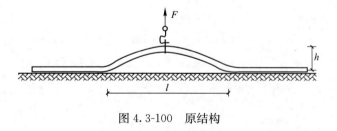

图 4.3-100　原结构

解析：问题可简化为两端固支梁在均布荷载和跨中集中力联合作用下的位移计算问题，如图 4.3-101 所示。其弯矩图 M_1、M_2 很容易作出，如图 4.3-102 所示。

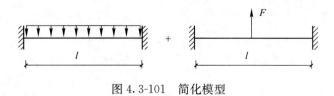

图 4.3-101　简化模型

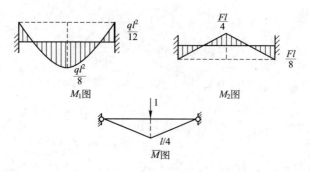

图 4.3-102 M_1 图，M_2 图及 $\overline{M}$ 图

取两端铰支梁作为基本结构，作出 $\overline{M}$ 图，可求出梁在均布荷载 q 和集中力 F 分别作用下梁中点的位移 v_1，v_2：

$$v_1 = \frac{1}{EI}\left(-2\times\frac{1}{2}\times\frac{l}{4}\times\frac{l}{2}\times\frac{ql^2}{12}+2\times\frac{2}{3}\times\frac{ql^2}{8}\times\frac{l}{2}\times\frac{5}{8}\times\frac{l}{4}\right)=\frac{ql^4}{384EI}(\downarrow)$$

$$v_2 = \frac{1}{EI}\left(2\times\frac{1}{2}\times\frac{l}{4}\times\frac{l}{2}\times\frac{Fl}{8}-2\times\frac{1}{2}\times\frac{l}{4}\times\frac{l}{2}\times\frac{2}{3}\times\frac{Fl}{4}\right)=-\frac{Fl^3}{192EI}(\uparrow)$$

可得起吊力 F 与起吊高度 h 及起吊部分长度 l 间应满足的关系：

$$h = |v_2| - |v_1| = \frac{Fl^3}{192EI} - \frac{ql^4}{384EI} = \frac{Fl^3}{192EI} - \frac{\rho g A l^4}{384EI}$$

第5章 位移法

5.1 基本内容

位移法——假定结构处于小变形状态，对于受弯杆件忽略轴向变形及剪切变形，以结构的关键位移作为基本未知量来求解结构的受力状态。

关键位移——指对于确定所有杆件的内力来说既是充分的，又是必要的。

5.1.1 位移法基本未知量和基本结构

1. 基本未知量

位移法基本未知量数等于独立结点角位移与结点线位移之和，也即等于约束住全部关键位移所需的附加刚臂和链杆总数。

结点独立角位移＝位移未知的刚结点数目

结点独立线位移＝变刚结点(含固定端)为铰结所得体系的自由度数目
　　　　　　　＝阻止结点线位移所需增加的链杆的最小数目

确定未知量总的原则是：在原结构的结点上逐渐加约束，直到能将结构拆除成具有已知形常数和载常数的单跨梁为止。

2. 基本结构

位移法的基本结构是通过加上附加约束变成若干个单跨超静定梁而获得的，对于角位移加上附加刚臂，对于线位移加上附加链杆。

位移法中的三种基本单跨超静定梁见图 5.1-1。

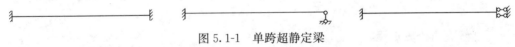

图 5.1-1　单跨超静定梁

形常数——在位移法中，将三种基本单跨超静定梁由单位支座位移引起的杆端力系数称为形常数。它们与杆件的截面尺寸和材料性质有关。

载常数——将由荷载引起的杆端弯矩和剪力称为固端弯矩和固端剪力。它们只与荷载形式有关。

5.1.2 位移法的基本思路

基本思路如图 5.1-2 所示。位移法方程：
$$R_{11}+R_{1P}=0 \tag{5.1-1}$$

或

$$r_{11}Z_1+R_{1P}=0 \tag{5.1-2}$$

该方程是位移法的平衡方程，结点未知位移 Z_1 是位移法解决问题的关键。

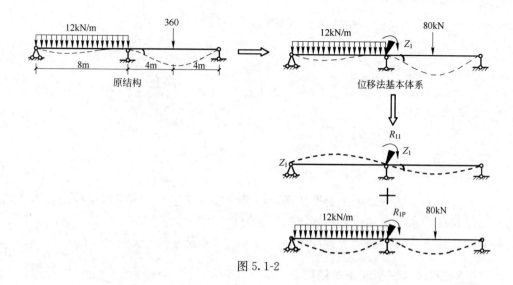

图 5.1-2

5.1.3 位移法典型方程

原则：基本结构在各结点位移和荷载等外因的共同作用下，每一个附加联系中的附加反力矩或附加反力都应等于零。

据此建立的位移法方程是静力平衡方程。对于具有 n 个独立结点位移的结构，位移法典型方程为：

$$\begin{cases} r_{11}Z_1+r_{12}Z_2+\cdots+r_{1n}Z_n+R_{1P}+R_{1c}+R_{1t}=0 \\ r_{21}Z_1+r_{22}Z_2+\cdots+r_{2n}Z_n+R_{2P}+R_{2c}+R_{2t}=0 \\ \cdots\cdots \\ r_{n1}Z_1+r_{n2}Z_2+\cdots+r_{nn}Z_n+R_{nP}+R_{nc}+R_{nt}=0 \end{cases} \quad (5.1-3)$$

其中刚度系数 r_{ij} 表示基本结构上由于第 j 个附加约束产生单位位移而引起第 i 个附加约束中的反力。

系数和自由项符号规定：以与该附加联系所设位移方向一致者为正。

根据反力互等定理可知，$r_{ij}=r_{ji}$。

5.1.4 位移法的计算步骤

（1）选取位移法的基本未知量和位移法的基本结构；
（2）建立位移法典型方程；
（3）解方程求未知量；
（4）用叠加法作超静定结构的内力图；
（5）内力图的校核。

5.2 要点与注意事项

5.2.1 本章要点

（1）位移法的基本未知量是位移。

(2) 位移法的基本方程是平衡方程。
(3) 建立基本方程的过程分为两步：
第一步：把结构拆成杆件，进行杆件分析，得出杆件的刚度方程；
第二步：把杆件综合成结构，进行整体分析，得出基本方程。
(4) 杆件分析是结构分析的基础，杆件的刚度方程是位移法基本方程的基础。因此，位移法也称为刚度法。

5.2.2 注意事项

1. 力法与位移法的主要区别

(1) 所选用的基本未知量不同，故主攻目标不同。力法是以多余未知力为基本未知量，位移法是以结点位移为基本未知量。

(2) 解题思路不同。力法是把超静定结构拆成静定结构，再由静定结构过渡到超静定结构。位移法则是把结构拆成杆件，再由杆件过渡到结构。

(3) 出发点不同。力法是以静定结构为出发点，位移法则是以杆件为出发点。

2. 基本未知量的确定

位移法基本未知量数等于独立结点角位移与结点线位移之和。确定未知量总的原则是：在原结构的结点上逐渐加约束，直到能将结构拆除成具有已知形常数和载常数的单跨梁为止。

(1) 铰结点或铰支座虽有角位移，但因位移不独立，可不作为位移法的基本未知量。

(2) 静定部分或弯矩、剪力静定时，确定位移也不计入基本未知量。

(3) 弹性支座处的位移要作为未知量考虑。

(4) 竖柱刚架有无限刚性梁时，刚性梁处刚结点无转角未知位移。

3. 位移法的基本方程

位移法方程是根据平衡方程得出的。基本未知量中每一个独立结点角位移有一个相应结点力矩平衡方程，每一个独立结点线位移有一个相应的截面力的平衡方程。平衡方程的个数与基本未知量的个数彼此相等。

4. 校核

力法一般以校核变形连续条件为主，而位移法则以校核平衡条件为主。这是因为在选取位移法的基本未知量时已经考虑了变形连续条件，而且刚度系数的计算比较简单，不易出错，因而变形连续条件在位移法中不作为校核的重点。

5.3 真题解析

【例 5-1】 作图 5.3-1 所示结构的 M 图，$EI=$ 常数。（北京交通大学，2006）

解析： 该结构用位移法分析时有一个结点角位移未知量，位移法基本体系如图 5.3-2(a)所示，位移法典型方程为

$$r_{11}Z_1 + R_{1P} = 0$$

令 $i=\dfrac{EI}{l}$，由图 5.3-2(b)刚结点力矩的平衡条件，可得 $r_{11}=10i$，由图 5.3-2(c)刚结点力矩的平衡条件，可得 $R_{1P}=-Pl$。

代入典型方程，得 $Z_1=-\dfrac{Pl}{10i}$

点评：该题考点主要有两点，一个为立柱右侧横梁的处理，该部分仅有一水平链杆约束，为弯矩和剪力静定部分，故可按悬臂梁处理；另一个为立柱左侧横梁支座的处理，该支座对横梁提供竖向和转角约束，由于横梁右侧有一水平链杆约束，故该滑动支座作用与固定支座作用相同，应视为固定支座。

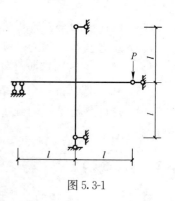

图 5.3-1

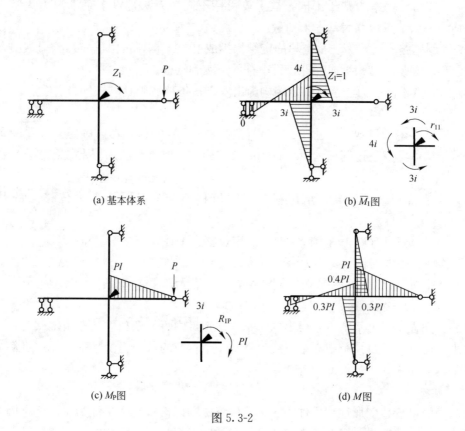

图 5.3-2

【例 5-2】 用位移法计算图 5.3-3 所示结构，并作出 M 图，$EI=$ 常数。（西南交通大学，2005）

解析：该结构用位移法分析时有一个结点角位移未知量，位移法基本体系如图 5.3-4(a)所示，位移法典型方程为

$$r_{11}Z_1+R_{1P}=0$$

由图 5.3-4(b)刚结点力矩的平衡条件，可得 $r_{11}=\dfrac{7EI}{4}$，由图 5.3-4(c)刚结点力矩的平衡

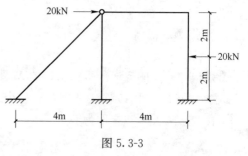

图 5.3-3

条件，可得 $R_{1P}=-10\text{kN}\cdot\text{m}$。

代入典型方程，得
$$Z_1=\frac{40}{7EI}$$

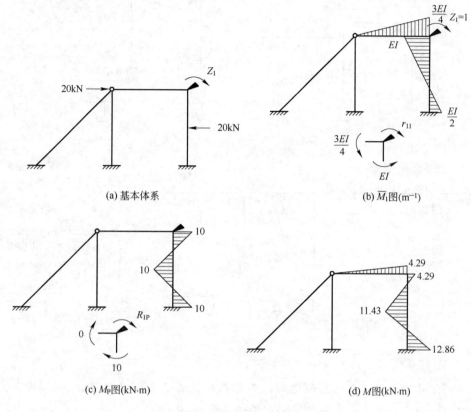

(a) 基本体系

(b) $\overline{M}_1$图(m^{-1})

(c) M_P图$(\text{kN}\cdot\text{m})$

(d) M图$(\text{kN}\cdot\text{m})$

图 5.3-4

点评：该题考点主要为基本未知量的确定，该结构只有一个刚结点，各结点均无线位移，故该结构只有一个结点角位移未知量。

【例 5-3】 用位移法作图 5.3-5 所示结构 M 图。EI＝常数。（华南理工大学，2005）

解析：该结构用位移法分析时有两个结点角位移未知量，位移法基本体系如图 5.3-6(a)所示，位移法典型方程为

$$r_{11}Z_1+r_{12}Z_2+R_{1P}=0$$
$$r_{21}Z_1+r_{22}Z_2+R_{2P}=0$$

令 $i=\dfrac{EI}{l}$，$r_{11}=7i$，$r_{12}=r_{21}=0$，$r_{22}=4i$，$R_{1P}=-\dfrac{ql^2}{8}$，$R_{2P}=-ql^2$

代入典型方程，得
$$Z_1=\frac{ql^2}{56i},\quad Z_2=\frac{ql^2}{4i}$$

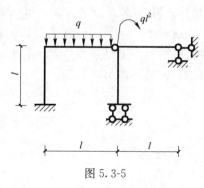

图 5.3-5

即可由叠加法 $M=M_1Z_1+M_2Z_2+M_P$ 作出结构弯矩图，如图 5.3-6(e)所示。

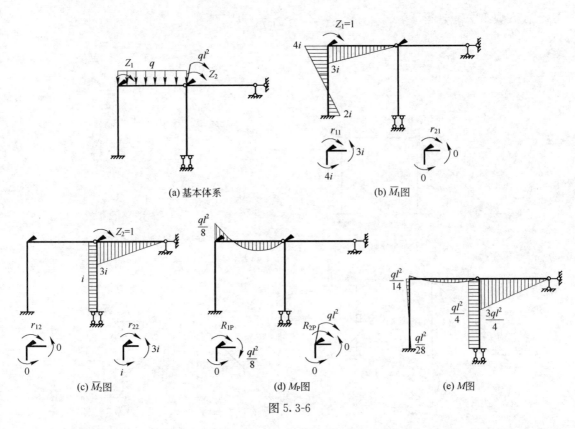

图 5.3-6

点评：该题考点为组合结点的运用，而容易出错的地方是自由项 R_{2p} 的确定，在考虑刚结点力矩平衡条件时，一定不要遗漏此处的集中力偶 ql^2。

【例 5-4】 图 5.3-7 所示刚架，各杆件的抗弯刚度均为 EI，受均布荷载和支座移动共同作用，已知 A 支座处的水平位移和竖直位移分别为 $a=\dfrac{2ql^4}{3EI}$ 和 $b=\dfrac{ql^4}{6EI}$。试用位移法作结构的 M 图。（北京交通大学，2007）

解析：该结构用位移法分析时刚结点处有一个结点角位移，横梁有一个结点线位移。位移法基本体系如图 5.3-8(a)所示，位移法典型方程为

$$r_{11}Z_1+r_{12}Z_2+R_{1P}=0$$
$$r_{21}Z_1+r_{22}Z_2+R_{2P}=0$$

令 $i=\dfrac{EI}{l}$，$r_{11}=7i$，$r_{12}=r_{21}=\dfrac{6i}{l}$，$r_{22}=\dfrac{12i}{l^2}$，$R_{1P}=\dfrac{41ql^2}{12}$，$R_{2P}=\dfrac{15ql}{2}$

代入典型方程，得 $Z_1=\dfrac{ql^2}{12i}$，$Z_2=-\dfrac{2ql^3}{3i}$

即可由叠加法 $M=M_1Z_1+M_2Z_2+M_P$，作出结构弯矩图，如图 5.3-8(e)所示。

第5章 位 移 法 107

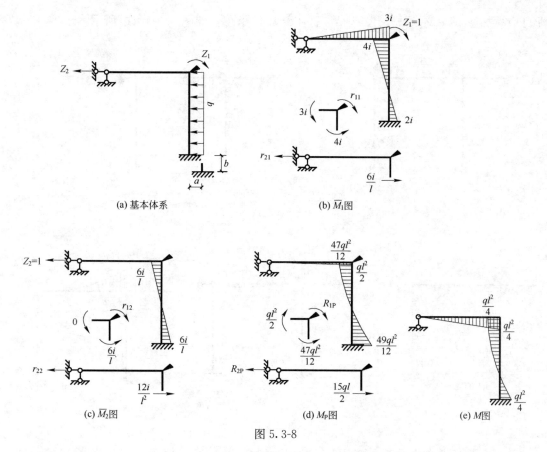

图 5.3-8

点评：该题考点主要有两个，一个为基本未知量的确定，该结构只有一个刚结点，横梁有水平线位移，故该结构有一个结点角位移和一个线位移未知量；另一个为基本结构在荷载和支座移动共同作用下 M_P 图，极容易出错，各杆的弯矩要注意两因素叠加后确定。

【例 5-5】 图 5.3-9 所示结构，各杆 EI 相同，已知 q，l，B 点转角 $\varphi_B = -\dfrac{15ql^2}{184}$（逆时针），C 点水平位移 $\Delta = -\dfrac{3ql^3}{92}$（向左），取 $\dfrac{EI}{l}=1$，作 M 图。（北京交通大学，2005）

解析：该结构横梁左侧悬臂部分为静定梁，故该结构用位移法分析时仅在刚结点处有一个结点角位移，横梁有一个结点线位移。位移法基本体系如图 5.3-10（a）所示，位移法典型方程为

$$r_{11}Z_1 + r_{12}Z_2 + R_{1P} = 0$$
$$r_{21}Z_1 + r_{22}Z_2 + R_{2P} = 0$$

图 5.3-9

由已知条件 $\varphi_B = -\dfrac{15ql^2}{184}$（逆时针），C 点水平位移 $\Delta = -\dfrac{3ql^3}{92}$（向左），可得：

$$Z_1 = -\frac{5ql^2}{184}, \quad Z_2 = -\frac{3ql^3}{92}$$

即可由叠加法 $M=M_1Z_1+M_2Z_2+M_P$ 作出结构弯矩图，如图 5.3-10(e)所示。

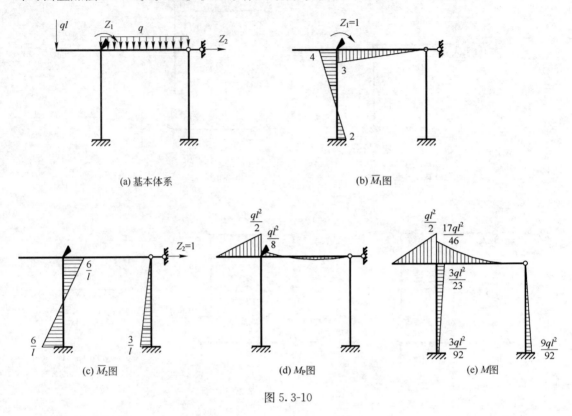

图 5.3-10

点评：该题考点主要为左侧悬臂段按静定部分处理。

【例 5-6】 用位移法计算图 5.3-11 所示结构并作 M 图。各杆 $EI=$ 常数。（浙江大学，1997）

解析：该结构横梁右侧悬臂部分为静定梁，故该结构用位移法分析时仅在左侧刚结点处有一个结点角位移，横梁有一个结点线位移。位移法基本体系如图 5.3-12(a)所示，位移法典型方程为

$$r_{11}Z_1+r_{12}Z_2+R_{1P}=0$$
$$r_{21}Z_1+r_{22}Z_2+R_{2P}=0$$

$r_{11}=\dfrac{5EI}{2}(\mathrm{m}^{-1})$，$r_{12}=r_{21}=-\dfrac{3EI}{16}(\mathrm{m}^{-2})$，$r_{22}=\dfrac{9EI}{32}(\mathrm{m}^{-3})$

$R_{1P}=-10\mathrm{kN\cdot m}$，$R_{2P}=0$

代入典型方程，得 $Z_1=\dfrac{80}{19EI}(\mathrm{kN\cdot m^2})$，$Z_2=\dfrac{160}{57EI}(\mathrm{kN\cdot m^3})$

即可由叠加法 $M=M_1Z_1+M_2Z_2+M_P$ 作出结构弯矩图，如图 5.3-12(e)所示。

点评：该题考点主要为静定部分的处理和基本未知量的确定。对于横梁右侧的静定部分，此部分为悬臂梁，因此横梁与右侧立柱相连处应视为铰结，不应设置结点角位移未知量。

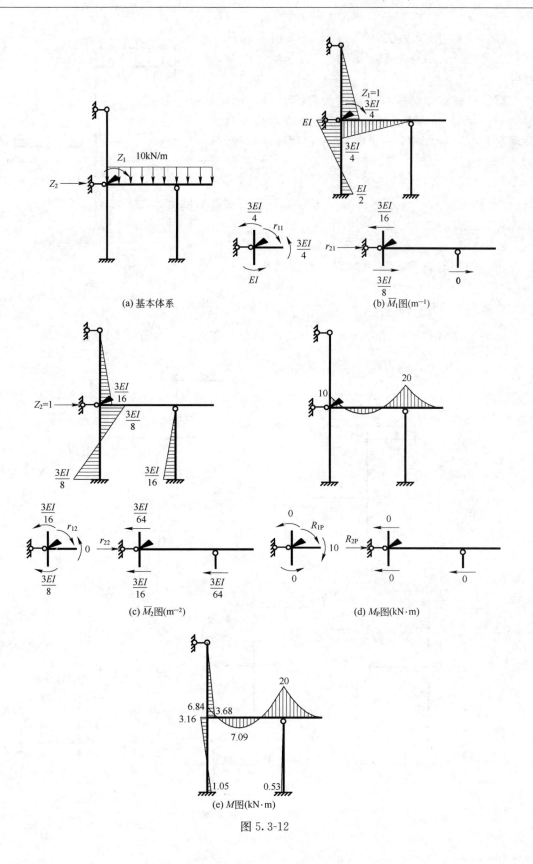

图 5.3-12

【例 5-7】 用位移法计算图 5.3-13 所示结构，并作出弯矩图。其中各杆 EI 为常数。（浙江大学，1998）

解析：该结构立柱右侧横梁为静定部分，用位移法分析时有一个结点角位移和一个结点线位移。位移法基本体系如图 5.3-14(a)所示，位移法典型方程为

$$r_{11}Z_1+r_{12}Z_2+R_{1P}=0$$
$$r_{21}Z_1+r_{22}Z_2+R_{2P}=0$$

令 $i=\dfrac{EI}{l}$，$r_{11}=7i$，$r_{12}=r_{21}=-\dfrac{3i}{l}$，$r_{22}=\dfrac{6i}{l^2}$，$R_{1P}=\dfrac{ql^2}{12}$，$R_{2P}=0$

代入典型方程，得 $Z_1=-\dfrac{ql^2}{66i}$，$Z_2=-\dfrac{ql^3}{132i}$

即可由叠加法 $M=M_1Z_1+M_2Z_2+M_P$ 作出结构弯矩图，如图 5.3-14(e)所示。

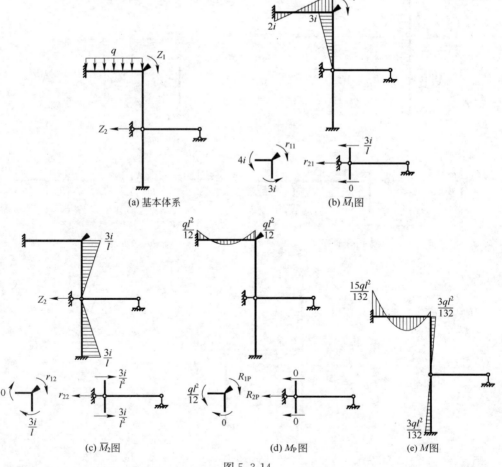

图 5.3-13

图 5.3-14

点评：该题考点主要为立柱右侧横梁为静定部分，按静定部分处理。

【例 5-8】 用位移法求图 5.3-15 所示结构 M 图。EI＝常数。（同济大学，2003）

解析：该结构用位移法分析时有一个结点角位移和一个结点线位移，位移法基本体系如图 5.3-16(a)所示，位移法典型方程为

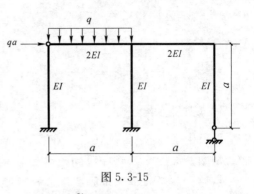

图 5.3-15

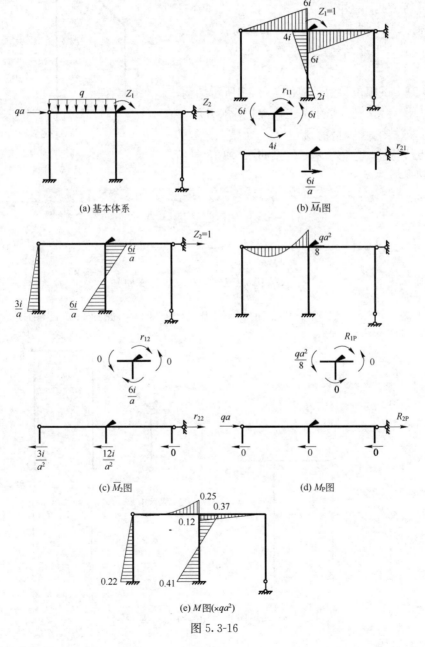

图 5.3-16

$$r_{11}Z_1+r_{12}Z_2+R_{1P}=0$$
$$r_{21}Z_1+r_{22}Z_2+R_{2P}=0$$

令 $i=\dfrac{EI}{a}$，$r_{11}=16i$，$r_{12}=r_{21}=-\dfrac{6i}{a}$，$r_{22}=\dfrac{15i}{a^2}$，$R_{1P}=\dfrac{qa^2}{8}$，$R_{2P}=-qa$

代入典型方程，得 $Z_1=\dfrac{11qa^2}{544i}$，$Z_2=\dfrac{61qa^3}{816i}$

即可由叠加法 $M=M_1Z_1+M_2Z_2+M_P$ 作出结构弯矩图，如图 5.3-16(e)所示。

点评：该题的难点为基本体系的确定。右侧立柱为弯矩、剪力静定部分，因此可按静定部分处理，故右侧立柱与横梁连接的刚结点不需设置结点角位移未知量，则此处的连接应视为铰结。

【**例 5-9**】 试用位移法计算图 5.3-17 所示结构，作弯矩图。$EI=$ 常数。（哈尔滨工业大学，2001）

解析：该结构用位移法分析时有一个结点角位移和一个结点线位移，位移法基本体系如图 5.3-18(a)所示，位移法典型方程为

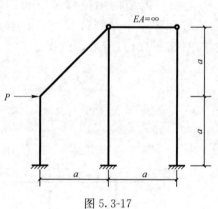

图 5.3-17

$$r_{11}Z_1+r_{12}Z_2+R_{1P}=0$$
$$r_{21}Z_1+r_{22}Z_2+R_{2P}=0$$

令 $i=\dfrac{EI}{a}$，$r_{11}=\left(4+\dfrac{3\sqrt{2}}{2}\right)i$，$r_{12}=r_{21}=-\dfrac{6i}{a}$，$r_{22}=\dfrac{51i}{4a^2}$，$R_{1P}=0$，$R_{2P}=-P$

代入典型方程，得 $Z_1=0.143\dfrac{Pa}{i}$，$Z_2=0.146\dfrac{Pa^2}{i}$

即可由叠加法 $M=M_1Z_1+M_2Z_2+M_P$ 作出结构弯矩图，如图 5.3-18(e)所示。

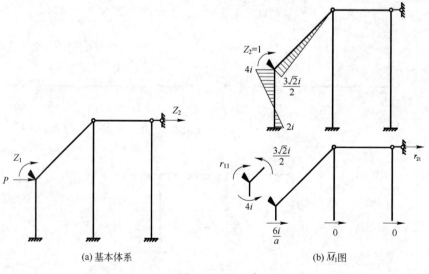

(a) 基本体系　　　　　　　　(b) $\overline{M}_1$图

图 5.3-18(一)

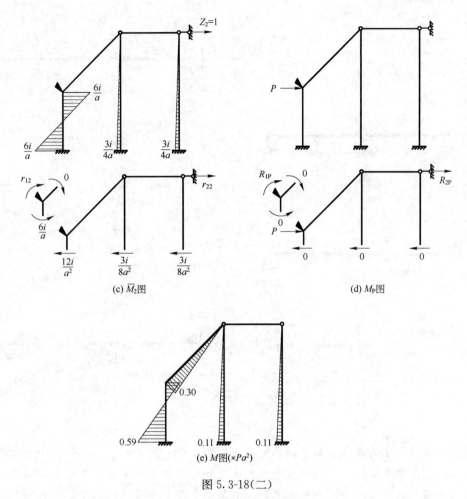

图 5.3-18(二)

点评：该题容易出错的地方是水平线位移的确定，结构中水平链杆轴向刚度为 $EA=\infty$，因此沿水平链杆方向只需设置 1 个水平线位移未知量，则该结构再无其他线位移。

【**例 5-10**】 图 5.3-19 所示结构支座发生移动，试计算图示结构并作弯矩图。（哈尔滨工业大学，2001）

解析：该结构用位移法分析时有一个结点线位移未知量，位移法基本体系如图 5.3-20(a)所示，位移法典型方程为

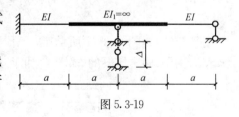

图 5.3-19

$$r_{11}Z_1 + R_{1\Delta} = 0$$

令 $i=\dfrac{EI}{a}$，由图 5.3-20(b)结点竖直方向力的平衡条件，可得 $r_{11}=\dfrac{40i}{a^2}$，由图 5.3-20(c)结点力的平衡条件，可得 $R_{1P}=-\dfrac{52i\Delta}{a^2}$。

代入典型方程，得 $Z_1=1.3\Delta$

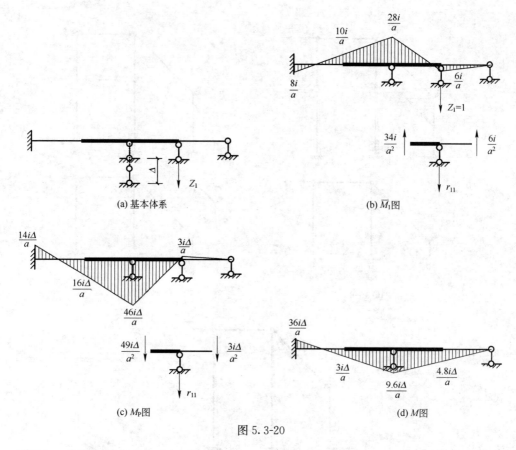

图 5.3-20

点评：该题难点为基本未知量的确定，该结构中含有抗弯刚度∞杆件。由于抗弯刚度∞杆件不能产生弯曲变形，只能产生刚体的平动和转动，因此对于抗弯刚度∞杆件结点处无需设置结点角位移未知量。另外基本结构在基本未知量和荷载作用下的弯矩图的确定也较难，极容易出错。宜先求解抗弯刚度非∞杆件的弯矩，再通过内力平衡关系确定抗弯刚度∞杆件的弯矩。此类结构需要注意而且极容易出错为抗弯刚度非∞杆件的弯矩，如：该题中左右两个刚度非∞杆件的杆端弯矩除由线杆端线位移引起的杆端弯矩之外，还应包括由抗弯刚度∞杆件的转动引起的杆端弯矩，为两者之和。

【例 5-11】 图 5.3-21 所示梁，AB 和 DE 段的抗弯刚度为 EI，而 BCD 段的抗弯刚度为∞，试用位移法作梁的 M 图。（北京交通大学，2008）

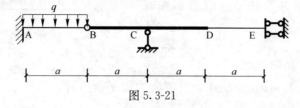

图 5.3-21

解析：该结构用位移法分析时有一个结点线位移未知量，位移法基本体系如图 5.3-22(a)所示，位移法典型方程为

$$r_{11}Z_1+R_{1P}=0$$

令 $i=\dfrac{EI}{a}$，由图 5.3-22(b)结点竖直方向力的平衡条件，可得 $r_{11}=\dfrac{4i}{a^2}$，由图 5.3-22(c)结点力的平衡条件，可得 $R_{1P}=\dfrac{3}{8}qa$。

代入典型方程，得
$$Z_1=-\dfrac{3qa^3}{32i}$$

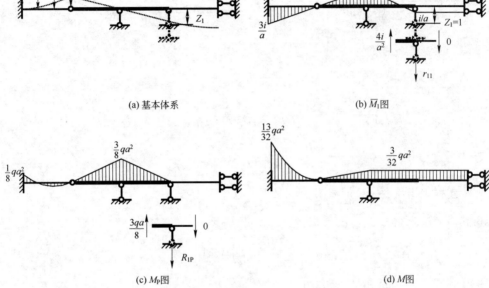

图 5.3-22

点评：该题难点与［例 5-10］相似，参见［例 5-10］。

【例 5-12】 图 5.3-23 所示结构，ABC 段的抗弯刚度为 ∞，其余各段的抗弯刚度为 EI，弹簧的刚度为 k。在图示荷载及 C 点支座沉陷 Δ 共同作用下，若使结构中 C 支座不产生拉力，试确定沉陷 Δ 与弹簧刚度 k 应满足的关系。（北京交通大学，2013）

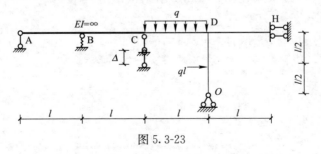

图 5.3-23

解析：利用位移法分析，该结构只有一个结点角位移，如图 5.3-24(a)所示，位移法典型方程为
$$r_{11}Z_1+R_{1P}+R_{1\Delta}=0$$

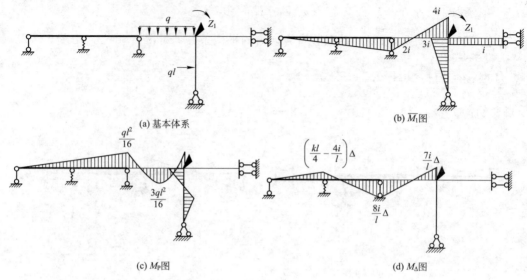

图 5.3-24

令 $i=\dfrac{EI}{l}$，$r_{11}=8i$，$R_{1p}=\dfrac{13ql^2}{48}$，$R_{1\Delta}=\dfrac{7i}{l}\Delta$

代入典型方程，得 $Z_1=-\dfrac{1}{8i}\left(\dfrac{13ql^2}{48}+\dfrac{7i}{l}\Delta\right)$

可由叠加法求得 C 支座的反力为

$$R_1=\dfrac{7i}{l}Z_1+\dfrac{13ql^2}{48}+\left(\dfrac{19i}{l^2}+\dfrac{k}{4}\right)\Delta=\left(\dfrac{103i}{8l^2}+\dfrac{k}{4}\right)\Delta-\dfrac{299}{384}ql$$

进而求得 Δ 与 k 应满足的关系为：$\left(\dfrac{103i}{8l^2}+\dfrac{k}{4}\right)\Delta-\dfrac{299}{384}ql\leqslant 0$

点评：该结构处于荷载和 C 支座沉降两种外界因素共同作用下。ABC 杆为抗弯刚度无穷大杆，A、C 支座有刚性支座链杆，在荷载作用下不会发生任何位移，在 C 支座沉降作用下只发生绕 A 点的转动，故该结构只在 D 点有一个结点角位移基本未知量。求解时注意基本未知量的选取、典型方程及 M_Δ 图的绘制。

【例 5-13】 用位移法计算图 5.3-25 所示结构，作 M 图。（哈尔滨工业大学，2004）

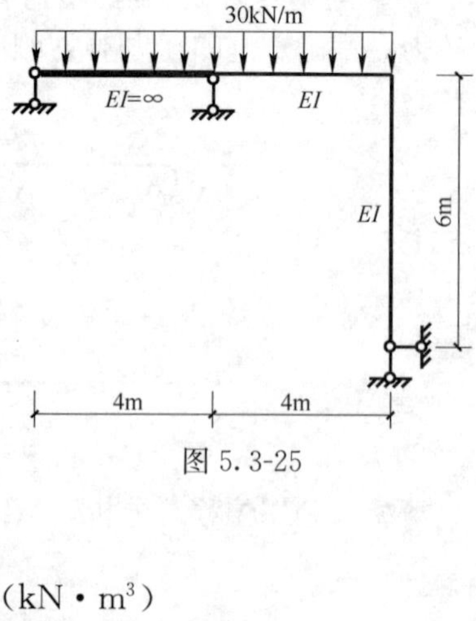

解析：该结构用位移法分析时有一个结点角位移和一个结点线位移，位移法基本体系如图 5.3-26(a) 所示，位移法典型方程为

$$r_{11}Z_1+r_{12}Z_2+R_{1P}=0$$
$$r_{21}Z_1+r_{22}Z_2+R_{2P}=0$$

$r_{11}=\dfrac{3EI}{2}(\text{m}^{-1})$，$r_{12}=r_{21}=-\dfrac{EI}{12}(\text{m}^{-2})$，$r_{22}=\dfrac{EI}{72}(\text{m}^{-3})$

$R_{1P}=40(\text{kN}\cdot\text{m})$，$R_{2P}=0$

图 5.3-25

代入典型方程，得 $Z_1=-\dfrac{40}{EI}(\text{kN}\cdot\text{m}^2)$，$Z_2=-\dfrac{240}{EI}(\text{kN}\cdot\text{m}^3)$

即可由叠加法 $M=\overline{M}_1Z_1+\overline{M}_2Z_2+M_P$ 作出结构弯矩图，如图 5.3-26(e)所示。

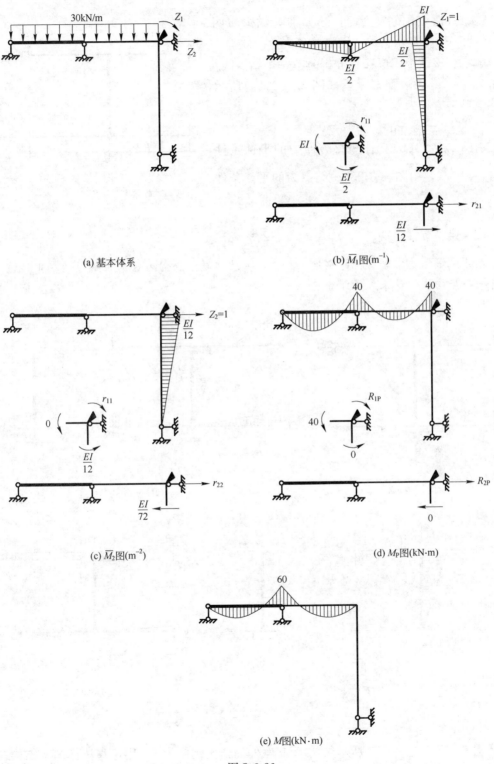

图 5.3-26

点评：该结构中含有抗弯刚度∞杆件，因此该题难点仍为基本未知量的确定。

【例 5-14】 用位移法作图 5.3-27 所示结构 M 图，已知各水平杆件 $EI=$ 常数。（西南交通大学，2004）

解析：该结构用位移法分析时有一个结点线位移未知量，位移法基本体系如图 5.3-28(a) 所示，位移法典型方程为

$$r_{11}Z_1 + R_{1P} = 0$$

由图 5.3-28(b) 立柱竖直方向力的平衡条件，可得 $r_{11} = \dfrac{18i}{l^2}$，由图 5.3-28(c) 结点力的平衡条件，可得 $R_{1P} = -ql$。

代入典型方程，得 $Z_1 = \dfrac{ql^3}{18i}$

点评：该结构中含有抗弯刚度∞杆件，因此该题难点仍为基本未知量的确定。该结构仅有一个竖向线位移未知量。

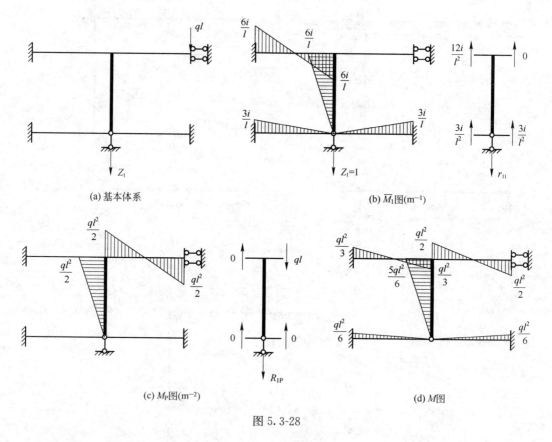

图 5.3-27

图 5.3-28

【例 5-15】 图 5.3-29 所示结构 A 支座处的弹簧刚度为 k，用位移法作图示结构在 A 支座下沉 c 和 50kN 水平力影响下的弯矩图。（东南大学，2003）

解析： 该结构用位移法分析时有两个结点线位移未知量，位移法基本体系如图 5.3-30(a)所示，位移法典型方程为

$$r_{11}Z_1 + r_{12}Z_2 + R_{1P} = 0$$
$$r_{21}Z_1 + r_{22}Z_2 + R_{2P} = 0$$

$$r_{11} = \frac{3EI}{64}(\text{m}^{-3}), \quad r_{12} = r_{21} = \frac{EI}{32}(\text{m}^{-3}), \quad r_{22} = \frac{EI}{36} + k(\text{m}^{-3})$$

$$R_{1P} = 50\text{kN}, \quad R_{2P} = kc$$

代入典型方程，得 $Z_1 = -\dfrac{200+6kc}{\dfrac{EI}{16}+9k} - \dfrac{3200}{3EI}(\text{kN} \cdot \text{m}^3),$

$$Z_2 = \frac{100+3kc}{\dfrac{EI}{48}+3k}(\text{kN} \cdot \text{m}^3)$$

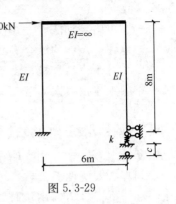

图 5.3-29

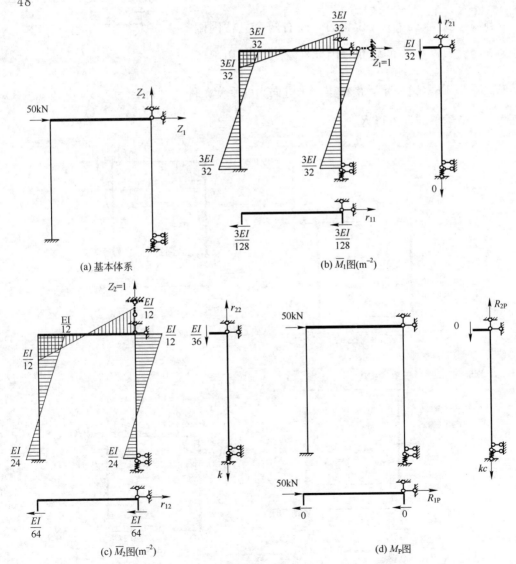

(a) 基本体系　　(b) $\overline{M}_1$图(m^{-2})

(c) $\overline{M}_2$图(m^{-2})　　(d) M_P图

图 5.3-30

即可由叠加法 $M=M_1Z_1+M_2Z_2+M_P$ 作出原结构弯矩图(请读者自行绘制)。

点评: 该结构除含有抗弯刚度∞杆件外,还有弹性支座,该题难点仍为基本未知量的确定。对于弹性支座,由于沿弹簧支撑方向存在结点线位移,因此应沿弹性支撑方向设置一个结点线位移未知量。

【例 5-16】 用位移法作图 5.3-31 所示结构 M 图,已知柱子 $EI_1=\infty$,梁 $EI=$ 常量(略去剪切、轴向变形影响)。(大连理工大学,2005)

解析: 该结构用位移法分析时在横梁处有一个结点线位移,位移法基本体系如图 5.3-32(a)所示,位移法典型方程为

$$r_{11}Z_1+R_{1P}=0$$

当横梁发生 $Z_1=1$ 线位移时,左右两个立柱因刚度为无穷大只产生 $\dfrac{1}{l}$ 的转角,因此在 $Z_1=1$ 作用下弯

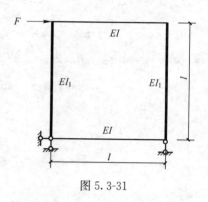

图 5.3-31

矩图如图 5.3-32(b)所示,由横梁水平方向力的平衡条件,可得 $r_{11}=\dfrac{15i}{l^2}$,由图 5.3-32(c)结点力的平衡条件,可得 $R_{1P}=F$。

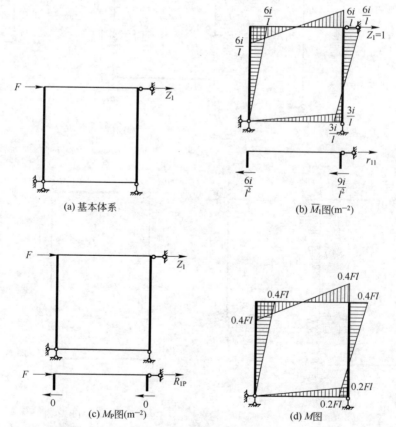

图 5.3-32

代入典型方程，得 $Z_1 = -\dfrac{Fl^2}{15i}$

点评：该结构仍需注意由于抗弯刚度∞杆件转动引起的其他杆件的杆端弯矩，尤其注意叠加效应。

【例 5-17】 用位移法计算图 5.3-33 所示结构，并作 M 图。（华南理工大学，2004）

解析：该结构用位移法分析时有两个结点位移未知量，位移法基本体系如图 5.3-34(a)所示，位移法典型方程为

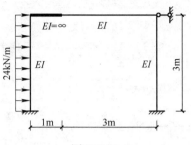

图 5.3-33

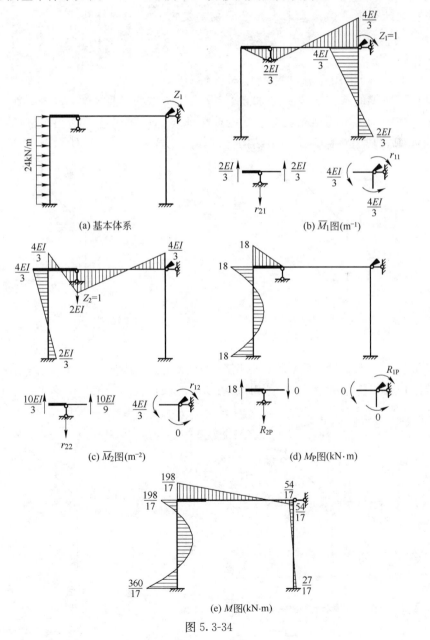

图 5.3-34

$$r_{11}Z_1+r_{12}Z_2+R_{1P}=0$$
$$r_{21}Z_1+r_{22}Z_2+R_{2P}=0$$

$r_{11}=\dfrac{8EI}{3}(\text{m}^{-1})$, $r_{12}=r_{21}=\dfrac{4EI}{3}(\text{m}^{-2})$, $r_{22}=\dfrac{40EI}{9}(\text{m}^{-3})$, $R_{1P}=0$, $R_{2P}=18(\text{kN}\cdot\text{m})$

代入典型方程，得 $Z_1=\dfrac{81}{34EI}(\text{kN}\cdot\text{m})$, $Z_2=-\dfrac{81}{17EI}(\text{kN}\cdot\text{m}^4)$

即可由叠加法 $M=M_1Z_1+M_2Z_2+M_P$ 作出结构弯矩图，如图 5.3-34(e)所示。

点评：该结构难点仍为基本未知量的确定及内力图的绘制。

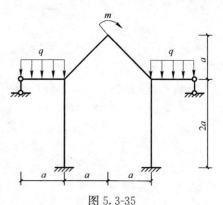

图 5.3-35

【**例 5-18**】 列出用位移法并利用对称性计算图 5.3-35 所示刚架的基本结构。（各杆 $EI=$常数）（哈尔滨工业大学，2002，2006）

解析：该结构为对称结构，但承受的荷载非对称，可以分解为正对称荷载和反对称荷载共同作用，利用对称性简化半结构分别如图 5.3-36(a)、(b)所示。

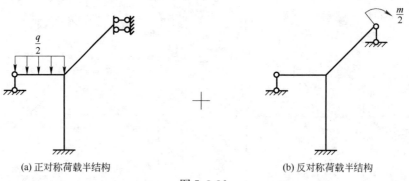

(a) 正对称荷载半结构   (b) 反对称荷载半结构

图 5.3-36

对于承受正对称荷载及反对称荷载情况，若采用位移法分析，都有一个结点角位移和一个结点线位移，位移法基本体系分别如图 5.3-37(a)、(b)所示。位移法典型方程为

$$r_{11}Z_1+r_{12}Z_2+R_{1P}=0$$
$$r_{21}Z_1+r_{22}Z_2+R_{2P}=0$$

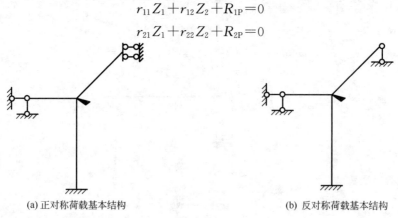

(a) 正对称荷载基本结构   (b) 反对称荷载基本结构

图 5.3-37

【例 5-19】 图 5.3-38 所示结构，各杆 EI 相同，试作 M 图。（北京交通大学，2005）

解析： 该结构为对称结构，承受正对称荷载作用，利用对称性简化半结构。简化后的半结构如图 5.3-39(a)所示，若采用位移法分析，则只有一个结点角位移，位移法典型方程为
$$r_{11}Z_1 + R_{1P} = 0$$

令 $i = \dfrac{EI}{l}$，则 $r_{11} = 7i$，$R_{1P} = 0.5ql^2$

代入典型方程，得
$$Z_1 = -\dfrac{ql^2}{14i}$$

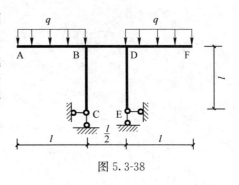

图 5.3-38

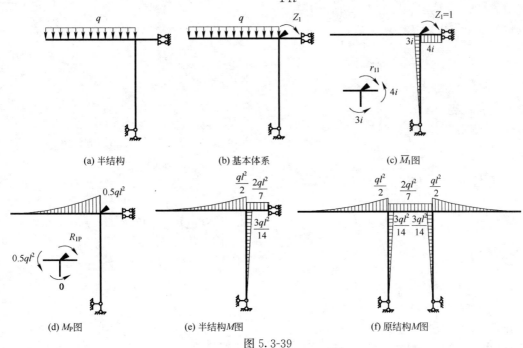

图 5.3-39

【例 5-20】 所有杆件均不计轴向变形，用位移法计算图 5.3-40 所示结构并作 M 图，各杆 EI 为常数。（北京交通大学，2011）

解析： 该结构下半部可处理成对称结构，承受正对称荷载作用，利用对称性简化半结构。简化后的半结构如图 5.3-41(a)所示，若采用位移法分析，则只有一个结点角位移，令 $i = \dfrac{EI}{l}$，位移法典型方程为
$$r_{11}Z_1 + R_{1P} = 0$$

其中 $r_{11} = 6i$，$R_{1P} = -\dfrac{ql^2}{8}$

代入典型方程，得 $Z_1 = \dfrac{ql^2}{48i}$

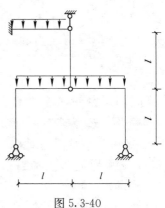

图 5.3-40

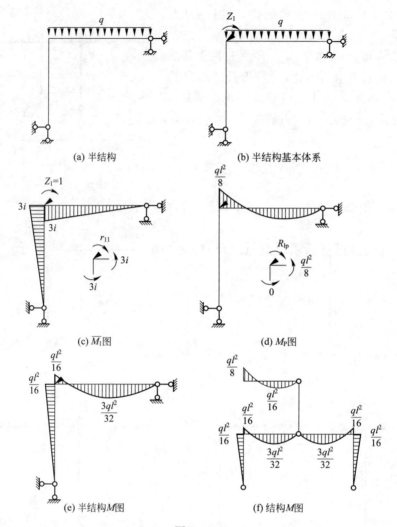

图 5.3-41

点评：该题难点为利用对称性进行结构简化，上面横梁可利用位移法等截面单跨梁杆端弯矩的表格直接绘制弯矩图，下部结构承受对称荷载作用，可对下部结构利用对称性进行简化。

【例 5-21】 用较简便方法求解图 5.3-42 所示结构并作弯矩图，EI 为常数。（北京交通大学，2003）

解析：该结构为对称结构，但承受的荷载非对称，可以分解为正对称荷载和反对称荷载共同作用，如图 5.3-43(a)和图 5.3-43(b)所示。

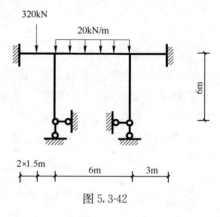

图 5.3-42

对于正对称荷载作用下，利用对称性简化半结构如图 5.3-44(a)所示，采用位移法分析，则只有一个结点角位移，基本体系如图 5.3-44(b)所示，位移法典型方程为

$$r_{11}Z_1 + R_{1P} = 0$$

令 $i = \dfrac{EI}{3}$，$r_{11} = 6.5i$，$R_{1P} = 0$

代入典型方程，得 $\quad Z_1 = 0$

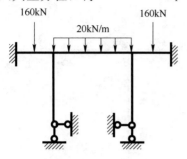

(a) 正对称荷载

+

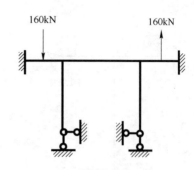

(b) 反对称荷载

图 5.3-43

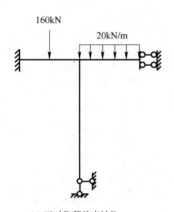

(a) 正对称荷载半结构

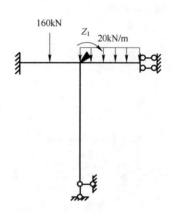

(b) 正对称荷载半结构基本体系

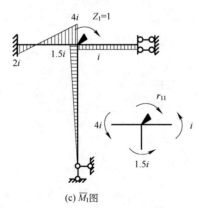

(c) $\overline{M}_1$ 图

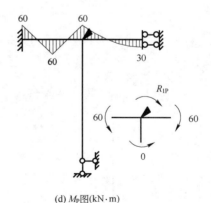

(d) M_P 图 (kN·m)

图 5.3-44

对于反对称荷载作用下，利用对称性简化半结构如图 5.3-45(a) 所示，采用位移法分析，则只有一个结点角位移，基本体系如图 5.3-45(b) 所示，位移法典型方程为

$$r_{11}Z_1 + R_{1P} = 0$$

令 $i=\dfrac{EI}{3}$，$r_{11}=8.5i$，$R_{1P}=60\text{kN·m}$

代入典型方程，得 $Z_1=-\dfrac{120}{17i}$

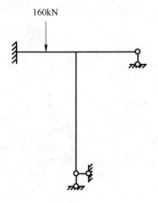

(a) 反对称荷载半结构　　(b) 反对称荷载半结构基本体系

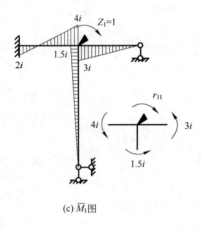

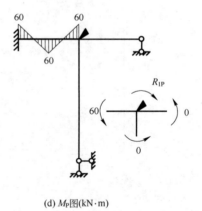

(c) $\overline{M}_1$图　　(d) M_P图(kN·m)

图 5.3-45

根据叠加法分别绘出正对称及反对称结构弯矩图，再叠加绘出原结构弯矩图，如图 5.3-46 所示。

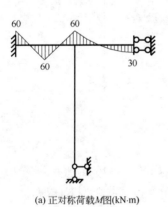

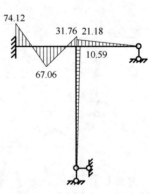

(a) 正对称荷载M图(kN·m)　　(b) 反对称荷载M图(kN·m)

图 5.3-46(一)

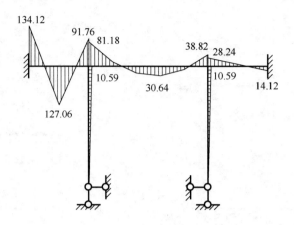

(c) 原结构M图(kN·m)

图 5.3-46(二)

【例 5-22】 试用较简便的方法作图 5.3-47 所示结构的弯矩图。除注明者外，其他杆件的 EI 为常数。(北京交通大学，2004)

解析： 该结构为对称结构，承受反对称荷载作用，利用对称性简化半结构。简化后的半结构如图 5.3-48(a)所示，采用位移法分析，则只有一个结点线位移，位移法典型方程为

$$r_{11}Z_1 + R_{1P} = 0$$

令 $i = \dfrac{EI}{l}$，则 $r_{11} = \dfrac{33i}{2l^2}$，$R_{1P} = -\dfrac{ql}{2}$

代入典型方程，得 $Z_1 = \dfrac{ql^3}{33i}$

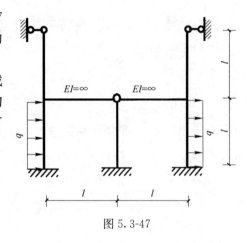

图 5.3-47

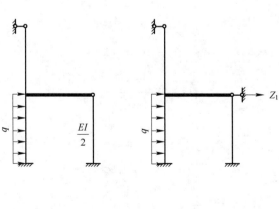

(a) 半结构　　(b) 半结构基本体系　　(c) $\overline{M}_1$图

图 5.3-48(一)

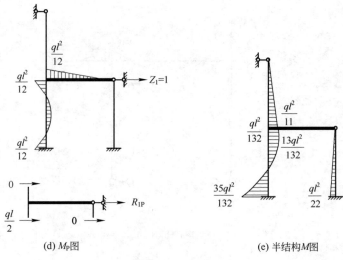

(d) M_P图

(e) 半结构M图

图 5.3-48（二）

【例 5-23】 已知图 5.3-49 所示刚架支座 E 下沉 Δ，用位移法作 M 图。各杆 $EI=$ 常数。（哈尔滨工业大学，2006）

解析： 该结构为对称结构，承受正对称的支座移动作用，利用对称性简化半结构。简化后的半结构如图 5.3-50(a)所示，采用位移法分析，则只有一个结点角位移，令 $i=\dfrac{EI}{l}$，位移法典型方程为

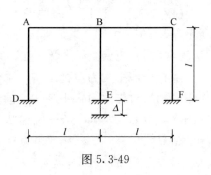

图 5.3-49

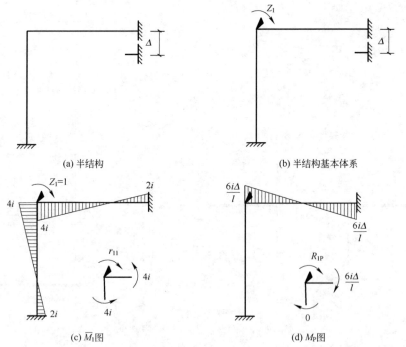

(a) 半结构

(b) 半结构基本体系

(c) $\overline{M}_1$图

(d) M_P图

图 5.3-50（一）

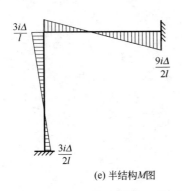
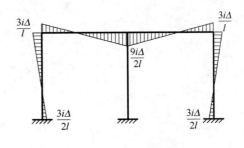

(e) 半结构M图　　　　　　　　　(f) 原结构M图

图 5.3-50(二)

$$r_{11}Z_1 + R_{1P} = 0$$

$$r_{11} = 8i, \quad R_{1P} = -\frac{6i\Delta}{l}$$

代入典型方程，得 $\quad Z_1 = \dfrac{3\Delta}{4l}$

点评： 该题难点为利用对称性进行半结构简化，该结构可看作承受正对称支座位移作用，中间立柱无弯矩，因此简化的半结构可不考虑中间立柱，即B点为固定支座，向下移动Δ。

【例 5-24】 用位移法计算图 5.3-51 所示刚架并作 M 图，各杆 EI 为常数，其中支座 C 处弹簧刚度 $k = 6EI/l^3$。(北京交通大学，2012)

图 5.3-51

解析： 该结构为对称结构，承受正对称荷载作用，利用对称性简化半结构。简化后的半结构如图 5.3-52(a)所示，采用位移法分析，典型方程为

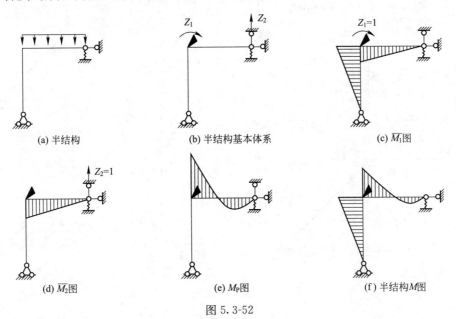

(a) 半结构　　　(b) 半结构基本体系　　　(c) $\overline{M_1}$图

(d) $\overline{M_2}$图　　　(e) M_P图　　　(f) 半结构M图

图 5.3-52

$$r_{11}Z_1+r_{12}Z_2+R_{1P}=0$$
$$r_{12}Z_1+r_{22}Z_2+R_{2P}=0$$

$r_{11}=6i$，$r_{21}=3i/l$，$r_{12}=3i/l$，$r_{22}=3i/l^2+k/2=6i/l^2$

$R_{1P}=-ql^2/8$，$R_{2P}=3ql/8$

解得：$Z_1=\dfrac{5ql^2}{72i}$，$Z_2=-\dfrac{7ql^3}{72i}$

即可由叠加法 $M=M_1Z_1+M_2Z_2+M_P$ 作出结构弯矩图。

点评： 该题注意弹性支座处有一个独立的结点线位移。

【**例 5-25**】 请用位移法计算图 5.3-53 所示结构（只需做到建立好方程、求出系数、自由项为止）。（华中科技大学，2007）

解析： 该结构采用位移法分析有一个结点角位移和一个结点线位移，位移法基本体系如图 5.3-54(a)所示，位移法典型方程为

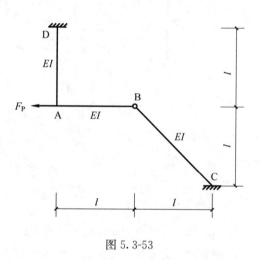

图 5.3-53

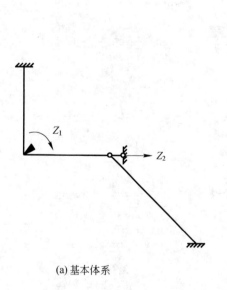

(a) 基本体系

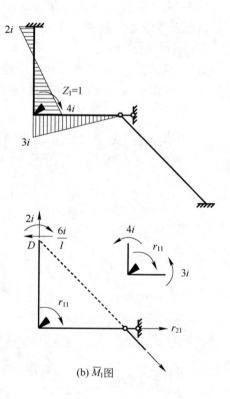

(b) $\overline{M}_1$ 图

图 5.3-54(一)

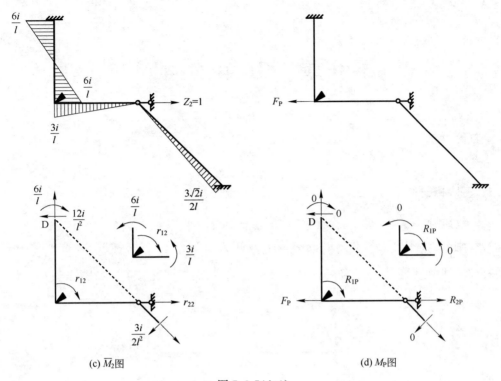

图 5.3-54(二)

$$r_{11}Z_1 + r_{12}Z_2 + R_{1P} = 0$$
$$r_{21}Z_1 + r_{22}Z_2 + R_{2P} = 0$$

令 $i = \dfrac{EI}{l}$，$r_{11} = 7i$，$r_{12} = r_{21} = \dfrac{9i}{l}$，$r_{22} = \dfrac{\left(15 + \dfrac{3\sqrt{2}}{2}\right)i}{l^2}$，$R_{1P} = 0$，$R_{2P} = F_P$

提示： 在计算 r_{21}、r_{22}、R_{2P} 时，应分别对图 5.3-54(b)、(c)、(d) 所取的刚架隔离体利用对 D 点的力矩平衡方程求解。

点评： 该题难点为有侧移斜柱刚架内力的计算，可参见教材相关章节。

第 6 章 力矩分配法

6.1 基本内容

6.1.1 基本概念

1. 转动刚度 S_{AB}（劲度系数）

转动刚度 S_{AB} 是指当杆件 AB 的 A 端转动单位角时，A 端（又称近端）的弯矩 M_{AB}。其值与杆件的线刚度 $i=\dfrac{EI}{l}$ 及杆件另一端（又称远端）的支承情况有关。如图 6.1-1 所示。

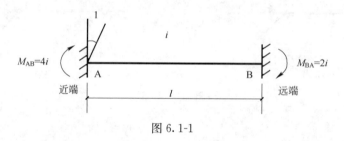

图 6.1-1

2. 传递系数 C_{BA}

传递系数 C_{BA} 表示当杆件 AB 近端发生转角时，远端弯矩与近端弯矩的比值，即 $C_{BA}=\dfrac{M_{BA}}{M_{AB}}$。其值与远端的支承情况有关。

不同约束情况下，等截面直杆的转动刚度和传递系数见表 6.1-1。

等截面直杆的转动刚度和传递系数　　　　表 6.1-1

近端支承	远端支承	近端转动刚度 S	传递系数 C
		$4i$	$\dfrac{1}{2}$
		$3i$	0
		i	-1
		0	0

3. 结点不平衡弯矩（约束弯矩）

结点不平衡弯矩又称为约束弯矩，等于汇交于该结点的各杆端固端弯矩的代数和，表示各固端弯矩所不能平衡的差值。

$$\Sigma M_{Aj}^{F} = R_{AP} \tag{6.1-1}$$

式中 R_{AP} 是结点固定时附加刚臂上的反力矩,可称为刚臂反力矩。

4. 结点(待分配)弯矩

结点(待分配)弯矩为结点不平衡弯矩的反号,即 $-\Sigma M_{Aj}^{F}$。

5. 分配系数

$$\mu_{AB} = \frac{S_{AB}}{\Sigma S_{Aj}} \tag{6.1-2}$$

ΣS_{Aj} 表示汇交于结点 A 所有杆件在 A 端的转动刚度之和。μ_{AB} 称为力矩分配系数,它的值小于等于 1,而 $\Sigma \mu_{Aj} = 1$。

6. 分配弯矩

$$M_{Aj} = -\mu_{Aj} \Sigma M_{Aj}^{F} \tag{6.1-3}$$

式中 M_{Aj} 称为分配弯矩,以顺时针为正。

7. 传递弯矩

$$M_{jA} = C_{jA} M_{Aj} \tag{6.1-4}$$

6.1.2 解题思路

(1) 固定结点。加入刚臂,计算各杆端固端弯矩及不平衡力矩。
(2) 放松结点。取消刚臂,将不平衡力矩反号后进行分配和传递。
(3) 计算各杆杆端弯矩。
近端弯矩＝固端弯矩＋分配弯矩
远端弯矩＝固端弯矩＋传递弯矩

6.1.3 力矩分配法的典型问题

(1) 结点带有特殊支座时各杆端固端弯矩及分配系数的计算;
(2) 特殊单元(杆件含无线刚性段、有结点线位移的单元等)转动刚度、传递系数的计算;
(3) 结点上有弯矩直接作用或带有静定部分时,结点不平衡弯矩的计算;
(4) 荷载作用、支座位移情况下,多结点弯矩分配问题;
(5) 弯矩分配法中对称性的利用。

6.2 要点与注意事项

6.2.1 本章要点

(1) 力矩分配法是以位移法为基本原理,但不需要组建典型方程,而是采用逐次渐近的方法来计算杆端弯矩,因此其结果的精度随计算轮次的增加而提高,最后收敛于精确解。但对于只有一个角位移未知量的结构,用力矩分配法进行计算得到的是精确解。

（2）力矩分配法仅适用于无侧移结构，如连续梁、无结点线位移的刚架。

6.2.2 注意事项

（1）杆端弯矩正负号规定同位移法。

（2）为了加速收敛，宜从结点不平衡力矩绝对值较大的结点开始分配，放松结点的顺序只影响计算过程，不影响计算结果。

（3）计算过程中不能同时放松两个相邻的刚结点，当结点数目超过 2 个时，可以同时放松不相邻的结点以加快计算过程。

（4）特殊情况下，可以同时放松相邻结点，前提是事先求得相邻结点之间杆件在结点同时放松情况下的转动刚度和传递系数。实际上，无论杆件的情况如何特殊，只要能求得杆端转动刚度和传递系数，就可以使用弯矩分配法求解。

6.3 真题解析

【例 6-1】 图 6.3-1 所示结构各杆线刚度相同，则 AB 杆和 AD 杆在 A 端的力矩分配系数为：$\mu_{AB} = \underline{\dfrac{4}{11}}$，$\mu_{AD} = \underline{0}$。（大连理工大学，2004）

解析： B 支座应看作为固定支座，则 $S_{AB} = 4i$，AD 杆件为弯矩剪力静定部分，则 $S_{AD} = 0$。

【例 6-2】 用力矩分配法计算图 6.3-2 所示结构，则分配系数 $\mu_{AB} = \underline{\dfrac{1}{12}}$，传递系数 $C_{AC} = \underline{0.5}$。（河海大学，2006）

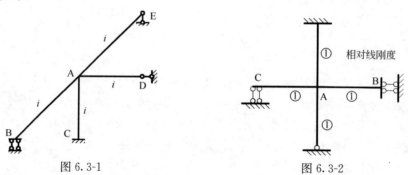

图 6.3-1　　　　　图 6.3-2

解析： 应将 C 支座看作固定支座，则 $S_{AC} = 4i$。

【例 6-3】 图 6.3-3 所示结构用力矩分配法求解时，其结点不平衡力矩 $m_k = \underline{\dfrac{Fl}{8} - \dfrac{M}{2}}$。（河海大学，2007）

【例 6-4】 用力矩分配法计算图 6.3-4 所示结构，结点 B 的分配系数 $\mu_{BA} = \underline{\dfrac{2}{5}}$，杆端弯矩 $M_{BA} = \underline{4}\text{kN} \cdot \text{m}$，上侧受拉。AB、BC 杆 $EI = 1$；BD 杆 $EI = 0.75$。（大连理工大学，2003）

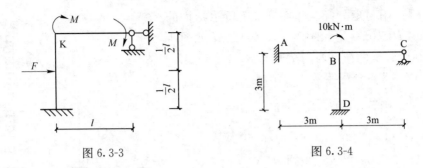

图 6.3-3   图 6.3-4

【例 6-5】 用力矩分配法计算图 6.3-5 所示连续梁，并作 M 图，$EI=$ 常数。（计算两轮，取一位小数）（大连理工大学，2005）

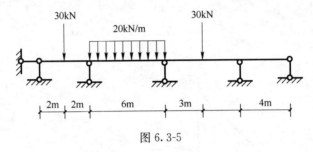

图 6.3-5

解析： 首先计算分配系数及固端弯矩，然后进行分配和传递，如图 6.3-6 所示。

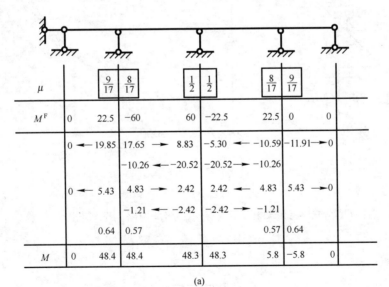

(a)

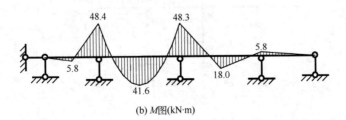

(b) M图(kN·m)

图 6.3-6

【例 6-6】 用力矩分配法作图 6.3-7 所示结构的 M 图。已知：$l=10\text{m}$，$q=24\text{kN/m}$，各杆 EI 如图所示。（每个结点分配两次）（西南交通大学，2004）

解析：（1）计算分配系数

令 $i=\dfrac{EI}{l}$，则 $S_{DA}=4i$，$S_{DE}=4i$，$S_{DB}=12i$

$\mu_{DA}=0.2$，$\mu_{DE}=0.2$，$\mu_{DB}=0.6$

$S_{ED}=4i$，$S_{EC}=4i$

$\mu_{ED}=0.5$，$\mu_{EC}=0.5$

（2）计算固端弯矩

$M_{EC}^F=-800\text{kN·m}$，$M_{CE}^F=800\text{kN·m}$

（3）进行分配和传递

如图 6.3-8 所示。

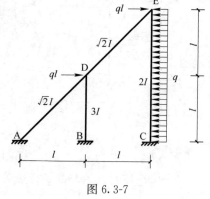

图 6.3-7

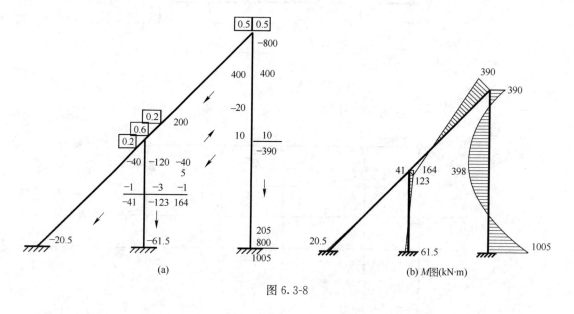

图 6.3-8

【例 6-7】 用力矩分配法计算图 6.3-9 所示结构，并作出 M 图。（计算两轮）（哈尔滨工业大学，2002，2006）

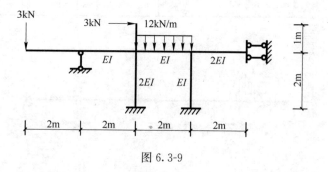

图 6.3-9

解析： 该结构含有静定部分，因此首先将原结构简化为图 6.3-10(a)所示结构，然后计算分配系数及固端弯矩，再进行分配和传递。

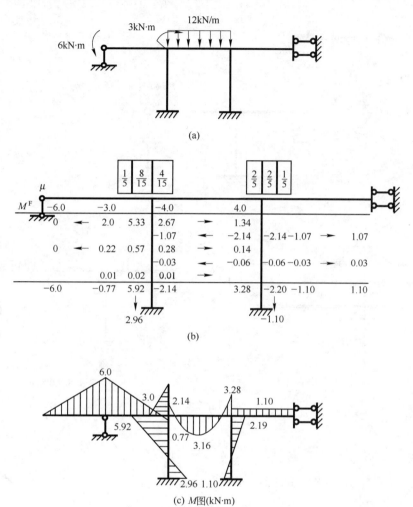

(c) M图(kN·m)

图 6.3-10

【例 6-8】 用力矩分配法求图 6.3-11 所示结构的弯矩图。C 处支座弹簧刚度为 $k=\dfrac{EI}{32}$ kN/m。（华南理工大学，2006）

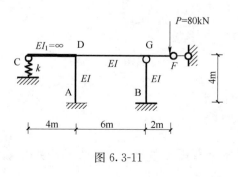

图 6.3-11

解析： 该结构 GF 段为弯矩、剪力静定部分，因此首先将原结构简化为图 6.3-12(a)所示结构。

(1) 计算分配系数

由于 CD 杆刚度为无穷大，C 支座为弹性支座，因此

$$S_{DC}=16k=\dfrac{EI}{2}, \quad S_{DG}=\dfrac{EI}{2}, \quad S_{DA}=EI$$

$\mu_{DC}=0.25$, $\mu_{DG}=0.25$, $\mu_{DA}=0.5$

(2) 计算固端弯矩

$$M_{DG}^F=80\text{kN}\cdot\text{m}$$

(3) 进行分配和传递

如图 6.3-12 所示。

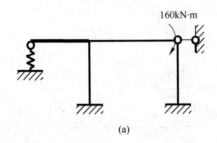

(a)

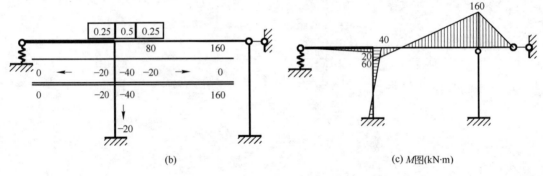

(b)   (c) M图(kN·m)

图 6.3-12

【例 6-9】 图 6.3-13 所示结构 C 支座发生沉陷 $\Delta=\dfrac{31}{300}l$，试用弯矩分配法作 M 图，并求 B 结点转角。（同济大学，2005）

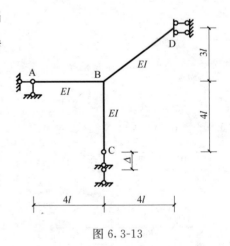

图 6.3-13

解析：（1）计算分配系数

令 $i=\dfrac{EI}{l}$，则 $S_{BA}=\dfrac{3i}{4}$，$S_{BC}=0$，$S_{BD}=\dfrac{4i}{5}$

$$\mu_{BA}=\dfrac{15}{31}, \quad \mu_{BC}=0, \quad \mu_{BD}=\dfrac{16}{31}$$

(2) 计算固端弯矩

$$M_{BA}^F=-\dfrac{3i}{16l}\Delta=-\dfrac{31i}{1600}, \quad M_{BD}^F=0$$

(3) 进行分配和传递

如图 6.3-14 所示。

点评：当 C 支座发生下移时，BD 杆件发生向下平移，无内力，因此固端弯矩为零。

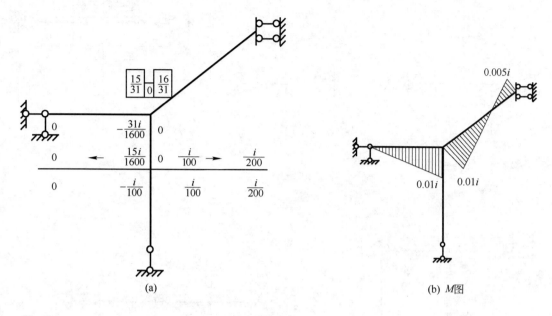

(a)　　　　　　　　　　(b) M图

图 6.3-14

当计算传递系数时，应将 D 支座等同于固定支座处理，其传递系数为 1/2。

【例 6-10】 用力矩分配法计算图 6.3-15 所示对称结构，并作出 M 图。$EI=$ 常数。（华南理工大学，2004）

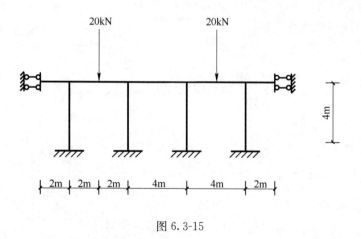

图 6.3-15

解析：该结构为对称结构，承受正对称荷载作用，利用对称性简化半结构。简化后的半结构如图 6.3-16(a)所示，其仍为对称结构，承受正对称荷载作用，再继续简化 1/4 结构如图 6.3-16(b)所示。对 1/4 结构计算分配系数及固端弯矩，然后进行分配和传递。

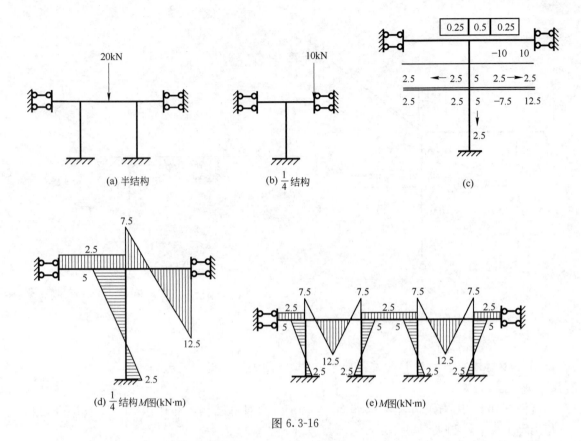

(a) 半结构　　(b) $\frac{1}{4}$ 结构　　(c)

(d) $\frac{1}{4}$ 结构 M 图(kN·m)　　(e) M 图(kN·m)

图 6.3-16

【例 6-11】 利用对称性，采用力矩分配法计算图 6.3-17 所示刚架，作出弯矩图。各杆 EI＝常数。（浙江大学，2004）

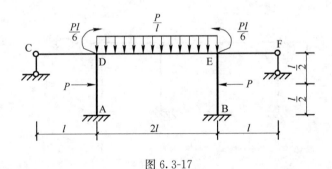

图 6.3-17

解析：该结构为对称结构，承受正对称荷载作用，利用对称性简化半结构。简化后的半结构如图 6.3-18(a)所示。

(1) 计算分配系数

令 $i=\dfrac{EI}{l}$，则　　　　$S_{DA}=4i$，$S_{DC}=3i$，$S_{DG}=i$

$$\mu_{DA}=\dfrac{1}{2},\quad S_{DC}=\dfrac{3}{8},\quad S_{DG}=\dfrac{1}{8}$$

(2) 计算固端弯矩

$$M_{DA}^F = \frac{Pl}{8}, \quad M_{DG}^F = -\frac{Pl}{12}$$

(3) 计算不平衡弯矩，进行分配和传递

D 结点不平衡弯矩为 $\Sigma M_{Dj}^F = -\frac{3Pl}{8}$。分配和传递如图 6.3-18 所示。

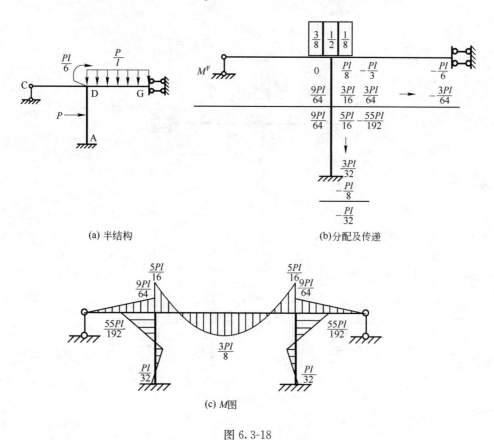

图 6.3-18

【例 6-12】 用力矩分配法作图 6.3-19 所示结构 M 图。已知 $P=8\text{kN}$，$q=4\text{kN/m}$。（每个结点分配两次）（哈尔滨工业大学，2004）

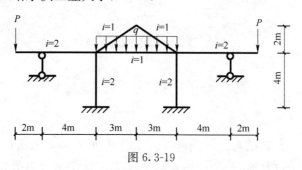

图 6.3-19

解析：该结构为对称结构，承受正对称荷载作用，利用对称性简化半结构。简化后的半结构如图 6.3-20(a)所示，再进一步简化为图 6.3-20(b)。

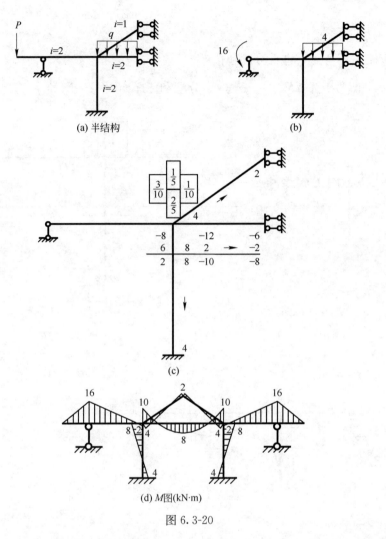

(a) 半结构 (b)

(c)

(d) M图(kN·m)

图 6.3-20

【例 6-13】 不经计算，绘出图 6.3-21 所示结构的弯矩图和剪力图的草图。设 $EI=$ 常数。（北京交通大学，2005）

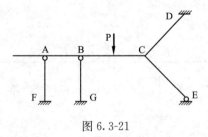

图 6.3-21

解析： 首先对 BC 杆段的弯矩图进行分析，B、C 两端可近似为固定端（比固定端对转角的约束弱），则 BC 杆段的弯矩图可由位移法查表大致绘出，由 B 结点力矩平衡条件及 A 点弯矩为零条件可将 A、B 杆件的弯矩图绘出。由 C 结点力矩平衡条件可确定 CD 杆 C 端及 CE 杆 C 端弯矩的受拉侧及相对大小，再由弯矩传递系数即可确定 CD 杆和 CE 杆弯矩图的形状。

剪力图可根据弯矩与剪力的微分关系确定,即弯矩图的斜率等于剪力,若弯矩图是从基线顺时针方向转的(以小于90°的转角)为正,反之为负。弯矩图和剪力图的大致形状如图 6.3-22 所示。

图 6.3-22

【例 6-14】 不经计算,绘出图 6.3-23 所示结构的弯矩图和剪力图的草图。设 $EI=C$,$EI_1=\infty$。(北京交通大学,2007)

解析: 对于图 6.3-23(a)所示结构,由于两立柱 $EI_1=\infty$,则横梁可视为两端固定的梁,由位移法查表即可绘出弯矩图,再由两刚结点力矩即可绘出两立柱的弯矩图。剪力图可由弯矩图及弯矩与剪力的微分关系绘出。如图 6.3-24。

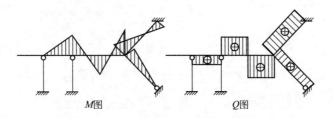

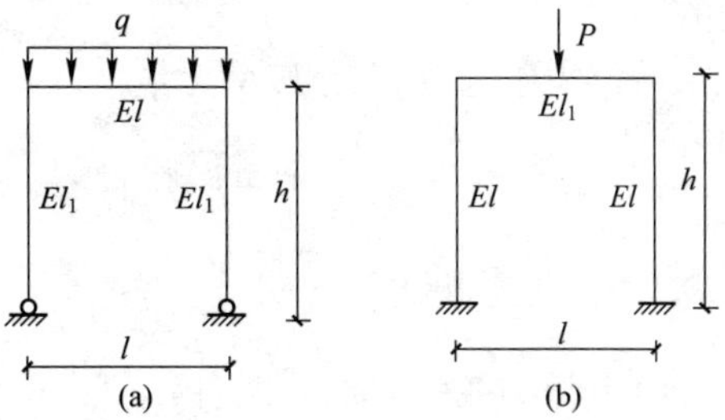

图 6.3-23

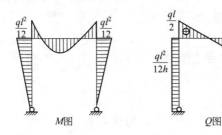

图 6.3-24

对于图 6.3-23(b)所示结构,由于横梁 $EI=\infty$,则横梁可视为简支梁。其弯矩图及剪力图如图 6.3-25 所示。

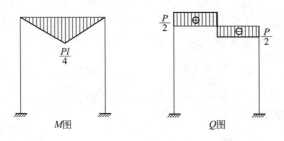

图 6.3-25

第 7 章 影 响 线

7.1 基本内容

7.1.1 影响线概念

单位集中荷载($P=1$)沿结构移动时，表示某一指定量值变化规律的图形，称为该量值的影响线。图形的横坐标表示单位力的移动位置，竖坐标表示单位荷载作用于此时所求量值的大小。

单位集中荷载($P=1$)是无量纲的，故

$$某量值的影响线纵标的量纲 = \frac{该量值的量纲}{力的量纲}$$

7.1.2 绘制影响线的方法

绘制影响线的方法有两种：静力法和机动法。

1. 静力法

将荷载位置作为自变量，所求量值作为因变量，根据平衡条件找出自变量与因变量之间的函数关系，即影响线方程，然后根据方程作出影响线图形。

2. 机动法

机动法适用于因变量为内力或支座反力的影响线求解，不适用于因变量为位移的影响线求解。

机动法作影响线步骤：

(1) 解除与所求量值相应的约束，代之以约束力。

(2) 使体系沿所求量值的正向发生单位虚位移，得到体系的虚位移图。

静定结构的虚位移——刚体虚位移图

超静定结构的虚位移——变形虚位移图

(3) 注明正负号及控制点的量值大小。

机动法的优点是能迅速作出影响线轮廓。

7.1.3 用机动法作连续梁的影响线

对于连续梁来说，机动法作影响线的步骤仍然和静定梁一样。连续梁的影响线为弹性变形曲线，其影响线的特征值难以直接利用机动法来加以确定。但连续梁的影响线一般都是用机动法来分析，绘出轮廓线即可。

7.1.4 影响线的应用

(1) 利用影响线求量值；

(2) 临界荷载和临界位置及其判定；
(3) 最不利荷载位置；
(4) 内力包络图；
(5) 简支梁的绝对最大弯矩。

7.2 要点与注意事项

7.2.1 影响线与内力图的区别

影响线与内力图是两个截然不同的概念，表 7.2-1 以弯矩图和弯矩影响线的区别为例说明这个问题。

弯矩影响线和弯矩图的区别　　　　表 7.2-1

名称	作用荷载	截面	某点纵标的含义	纵标量纲
弯矩影响线	单位移动荷载	某一指定截面	代表单位荷载移至该点时指定界面处的弯矩值	[长度]
弯矩图	实际固定荷载	各个截面	在固定荷载作用下该点处截面的弯矩值	[力]·[长度]

7.2.2 正负号规定

反力以向上（或压力）为正，轴力以拉力为正，剪力以使隔离体有顺时针转动趋势为正，弯矩使梁下边纤维受拉为正；而与上面情形相反则为负。在绘制影响线时，通常规定正值的纵坐标绘制在基线的上方，负值的绘在下方。

7.2.3 静力法绘制影响线

1. 间接（结点）荷载作用下影响线的绘制方法
(1) 作出直接荷载作用下所求量值的影响线；
(2) 用直线连接相邻两结点的竖标。
2. 桁架影响线作法
(1) 桁架通常承受结点荷载，任一杆的轴力影响线在相邻两结点间为一直线。
(2) 上弦承载时，上弦各相邻结点间影响线为直线；下弦承载时，下弦各相邻结点间影响线为直线。
(3) 上弦承载和下弦承载时有些杆件的内力影响线不同。

7.2.4 机动法作影响线注意事项

(1) 机动法作影响线的依据——虚位移原理。
(2) 对于间接荷载或结点荷载问题，应用机动法时要注意影响线对应的是承载杆（次梁）的机构虚位移图，与主梁位移一般不完全相同。例如图 7.2-1 中，求 B 支座的反力影响线。

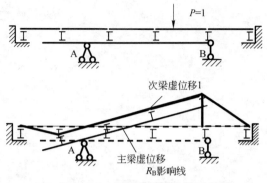

图 7.2-1 间接荷载影响线示意图

7.2.5 用机动法作连续梁影响线的要点

对于连续梁来说,机动法作影响线的步骤和静定梁一样。但是由于结构在去掉所求量值对应的约束后,结构整体或者部分仍可保持为几何不变,要使结构发生虚位移,梁的位移就不再是刚体运动,位移图也不再是直线,而是约束所允许的光滑连续的弹性变形曲线。这是连续梁影响线的特征,在绘制影响线图的时候要注意这个特点。正因为连续梁的影响线为弹性变形曲线,所以其影响线的特征值难以直接利用机动法来加以确定。对于连续梁来说,常见荷载为均布荷载,很多情况下只需要根据影响线的轮廓来帮助确定最不利荷载位置。所以连续梁的影响线一般都是用机动法来分析,绘出图像轮廓线即可。

7.2.6 影响线的应用要点

1. 利用影响线求量值

如图 7.2-2 所示,根据影响线的定义和叠加原理,可利用某量值 Z 的影响线求得固定荷载作用下该量值 Z 的值为:

$$Z=\Sigma P_i y_i+\Sigma q_i \omega_i+\Sigma m_i \tan\theta_i \quad (7.2\text{-}1)$$

(1) y_i 为集中荷载 P_i 作用点处 Z 影响线的竖标,在基线以上 y_i 取正。P_i 向下为正;

(2) ω_i 为均布荷载 q_i 分布范围内 Z 影响线的面积,正的影响线计正面积。q_i 向下为正;

(3) θ_i 为集中力偶 m_i 所在段的影响线的倾角,上升段影响线倾角取正。m_i 顺时针为正。

2. 临界荷载和临界位置及其判定

取荷载组中的某一荷载 P_{cr} 位于 Z 影响线的某一顶点,当荷载左、右偏移时都会使量值 Z 的增量[见式(7.2-2)]减小(或增大),则 P_{cr} 位于影响线顶点时,Z 取得极大值(或极小值),称 P_{cr} 为一临界荷载。相应的荷载位置为临界位置。α 为影响线各段直线的倾角,上升段 α 为正。如图 7.2-3 所示,α_1、α_2 为正,α_3 为负。R_i 为影响线一直线段上的荷载的合力,向下为正。

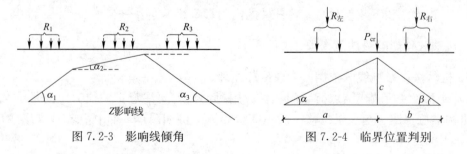

图 7.2-3 影响线倾角   图 7.2-4 临界位置判别

$$\Delta Z = \Delta x \sum R_i \tan\alpha_i \tag{7.2-2}$$

三角形影响线的临界位置判别式：

量值 Z 发生极大值的临界条件：有一集中力位于影响线的某一定点，且

$$\left.\begin{array}{c}\dfrac{R_{左}+P_{cr}}{a} \geqslant \dfrac{R_{右}}{b} \\ \dfrac{R_{左}}{a} \leqslant \dfrac{R_{右}+P_{cr}}{b}\end{array}\right\} \tag{7.2-3}$$

即将 P_{cr} 放在影响线的哪一边，哪一边荷载的平均集度就大（图 7.2-4）。

临界荷载可能不止一个，至于哪个荷载在影响线的哪个顶点上时满足临界条件是不知道的，需要试算。为了减少试算次数，可先按下述原则估计：

（1）使较多的荷载居于影响线范围之内，且居于影响线的较大竖标处。

（2）使较大的荷载位于竖标较大的影响线的顶点。

3. 最不利荷载位置

移动荷载作用下，使某量达到最大值或最小值的荷载位置。

（1）单个集中荷载的最不利荷载位置，是将荷载作用在影响线的最大竖标或最小竖标处。如图 7.2-5 所示，如荷载 P 作用在 C 左侧，产生 Q_C 的最小值；如荷载 P 作用在 C 右侧，产生 Q_C 的最大值。

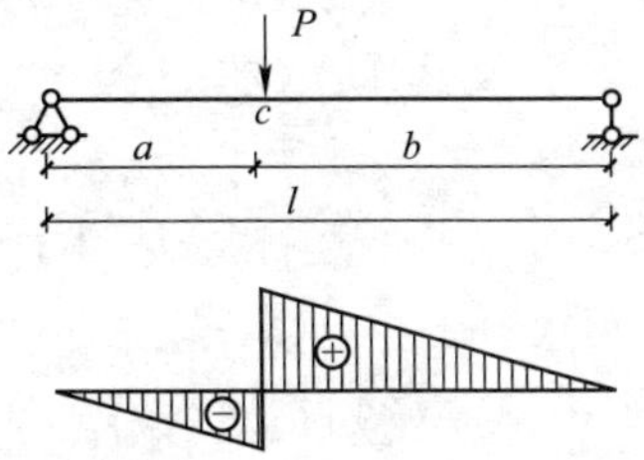

（2）多个集中荷载作用下，先判定各临界位置并计算相应的 Z 的极值，其中与最大值对应的临界位置就是最不利荷载位置。

图 7.2-5 单个集中荷载的最不利荷载位置

（3）可以任意布置的均布荷载的最不利位置，是将荷载布满影响线的正号部分或负号部分，如图 7.2-6(a)所示。

（4）一段可移动的均布荷载的最不利位置按所给的条件判断，当影响线为三角形时，满足式(7.2-4)的荷载位置即最不利荷载位置。

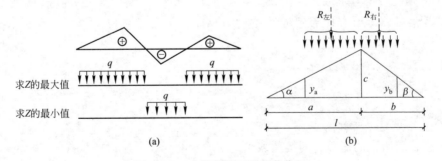

图 7.2-6 多荷载最不利荷载位置

$$\left.\begin{array}{c}\dfrac{R_{左}}{a}=\dfrac{R_{右}}{b}=\dfrac{R}{l} \\ 或：y_a = y_b\end{array}\right\} \tag{7.2-4}$$

式中各值的意义如图 7.2-6(b)所示。

4. 内力包络图

连接各截面内力最大值和最小值的曲线称为内力包络图。绘制内力包络图的步骤：

（1）将梁等分为若干份，绘出各等分点截面的内力影响线，确定相应的最不利荷载位置。

（2）求出各等分点截面在恒载和活载共同作用下内力的最大值和最小值。

（3）将各等分点截面的最大（最小）内力值按同一比例绘于图上，连成曲线即得内力包络图。

5. 简支梁的绝对最大弯矩

在荷载移动过程中，简支梁中所产生的最大弯矩，称为简支梁的绝对最大弯矩。即弯矩包络图中的最大竖标所表示的弯矩值。

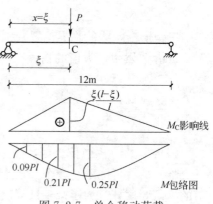

图 7.2-7　单个移动荷载作用下的弯矩包络图

在行列荷载作用下，梁中的最大弯矩总是发生在某个集中力作用的截面内，并且发生在梁中央附近截面内（图 7.2-7）。

求简支梁的绝对最大弯矩的步骤：

（1）求出简支梁跨中截面产生最大弯矩时的临界荷载 P_{cr}，并算出此时梁上荷载的合力 R 及其作用位置。

（2）移动梁上荷载，使 P_{cr} 与 R 的间距的中点对着梁的中点（若有荷载进入或离开梁跨内，需重新计算 R 及其作用位置），此时 P_{cr} 下的截面弯矩就是简支梁的绝对最大弯矩。

（3）绝对最大弯矩必然发生在某一集中力的作用点。经验表明：绝对最大弯矩常发生在梁中央截面弯矩取得最大值的临界荷载下面。

7.3　真题解析

考察各高校历年考研试题，影响线部分题目的类型有填空题、判断题、影响线求作题及综合应用题等。本节选择部分典型试题加以分析。

【例 7-1】 图 7.3-1 所示结构主梁截面 C 右侧的剪力影响线的竖标 y_c 等于_____。（清华大学，2004）

答案： $\dfrac{1}{2}$

解析： C 点所受的荷载为间接荷载，此时影响线形状是次梁的位移图。

【例 7-2】 图 7.3-2 所示圆弧曲梁 M_K（内侧受拉为正）影响线 C 点竖标为_____。（清华大学，2006）

答案： $4-4\sqrt{3}$

解析： 将 $P=1$ 作用在 C 点，求此时 K 处弯矩大小。利用几何关系，不难求出答案。

点评： 本题考点为影响线定义。

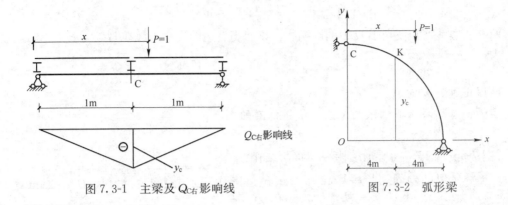

图 7.3-1 主梁及 $Q_{C右}$ 影响线　　　　图 7.3-2 弧形梁

【**例 7-3**】　间接荷载下梁的影响线的特点是结点处竖标与_____的相同，节间则由_____连以直线。（哈尔滨工业大学，2004）

答案：直接荷载作用下的结点处竖标；结点处竖标

【**例 7-4**】　图 7.3-3(a)所示结构用影响线确定：当移动荷载 P_1 位于 D 点时截面 C 的弯矩值为_____。（河海大学，2002）

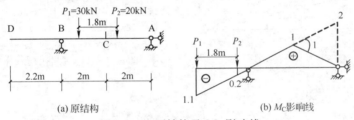

图 7.3-3　原结构及 M_C 影响线

解析：(1) 先作 M_C 的影响线如图 7.3-3(b)。

(2) 当 P_1 作用在 D 点时：

$M_C = 30 \times (-1.1) + 20 \times (-0.2) = -M_C = 30 \times (-1.1) + 20 \times (-0.2) = -37 \text{kN} \cdot \text{m}$

此时截面 C 的弯矩值为 37kN·m，上部受拉。

点评：本题考核影响线的概念和简单应用。

【**例 7-5**】　图 7.3-4(a)所示梁在给定移动荷载作用下，支座 B 的反力最大值为_____。（浙江大学，2000）

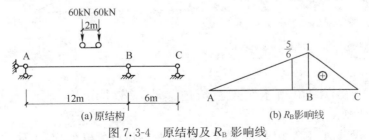

图 7.3-4　原结构及 R_B 影响线

A. 110kN　　　B. 100kN　　　C. 120kN　　　D. 160kN

解析：首先画出支座 B 反力的影响线，显然当右边的集中力放在 B 处时 R_B 取得最大值。

$$R_{Bmax}=60\times1+60\times\frac{5}{6}=110\text{kN}$$

所以正确答案为 A。

点评：本题考核影响线的应用、临界位置的判断。

【例 7-6】 图 7.3-5 所示结构在均布荷载作用下，支座 A 右侧截面的剪力为＿＿＿＿＿＿。（西南交通大学，2002；大连理工大学，2000）

解析：图示结构中涉及间接荷载，如果用平衡方程来求比较麻烦，在间接荷载作用下作影响线并不难，所以利用影响线来求截面内力。先作出 $P=1$ 直接作用在主梁上时支座 A 右侧截面的剪力 $Q_{A右}$ 的影响线（图 7.3-6）。

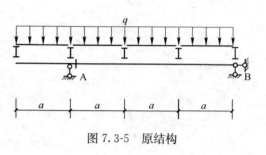

图 7.3-5　原结构

然后作出间接荷载作用下 $Q_{A右}$ 的影响线（图 7.3-7）。

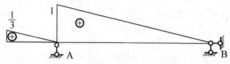

图 7.3-6　$Q_{A右}$ 直接荷载作用影响线

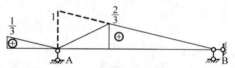

图 7.3-7　$Q_{A右}$ 间接荷载作用影响线

利用影响线求得量值

$$Q_{A右}=q\times\frac{1}{2}\times\left(a\times\frac{1}{3}+3a\times\frac{2}{3}\right)=\frac{7qa}{6}$$

【例 7-7】 判断题：用机动法作得图 7.3-8(a) 所示结构 R_B 影响线如图 7.3-8(b)。（河海大学，2002）

解析：在作图(a)所示体系的虚位移图时，D 点不能向下移动，故 CD 段影响线错误，正确的如图 7.3-9 所示。

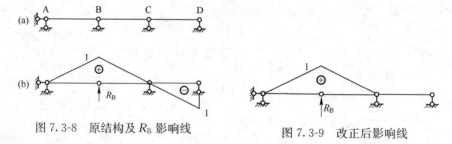

图 7.3-8　原结构及 R_B 影响线　　　图 7.3-9　改正后影响线

【例 7-8】 图 7.3-10 所示结构在给定移动荷载作用下，截面 A 弯矩最大值为＿＿＿＿＿＿。（河海大学，2002）

解析：(1) 设截面 A 弯矩以上部受拉为正，令一单位荷载在 BD 上移动。

(2) 静力法作出 M_A 的影响线如图 7.3-11(a)。

(3) 易知图示荷载中右边集中力作用在 C 点时 M_A 达到最大值 [图 7.3-11(b)]。

$$M_{A\max}=P\times 2a+P\times\frac{3a}{2}=\frac{7}{2}Pa$$

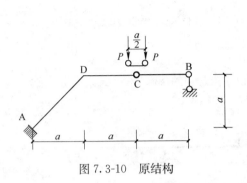

图 7.3-10 原结构

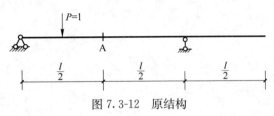

图 7.3-11 M_A 的影响线及最不利位置

【例 7-9】 作出图 7.3-12 所示伸臂梁截面 A 的弯矩、剪力影响线。(湖南大学,2000)

解析:这是最基本的影响线问题,用机动法作 M_A、Q_A 的影响线,具体如图 7.3-13。

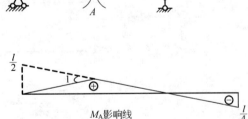

图 7.3-12 原结构

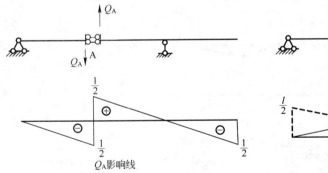

图 7.3-13 M_A、Q_A 影响线

【例 7-10】 用静力法作图 7.3-14 所示刚架 M_E、V_A 影响线,$P=1$ 在 CBD 上移动。(河海大学,2000)

解析:(1) 当 $P=1$ 在 CE 段移动时,$M_E=P\times(2-x)=2-x$(上部受拉为正)。

(2) 当 $P=1$ 在 ED 段移动时,$M_E=0$。

(3) 作 M_E 影响线如图 7.3-15 所示。

(4) 当 $P=1$ 在 CBD 段移动时,$V_A=1$(竖直向上),

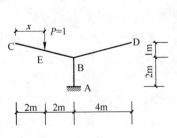

图 7.3-14 所求刚架

作 V_A 影响线如图 7.3-16 所示。

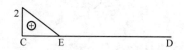

图 7.3-15 M_E 影响线（上部受拉为正）

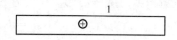

图 7.3-16 V_A 影响线（竖直向上为正）

【**例 7-11**】 求作图 7.3-17 所示多跨静定梁 $Q_{C左}$ 和 $Q_{C右}$ 的影响线。（北京交通大学，2002）

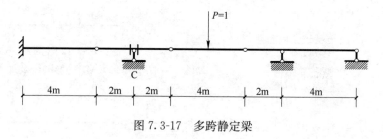

图 7.3-17 多跨静定梁

解析：用机动法求解，具体过程如图 7.3-18。

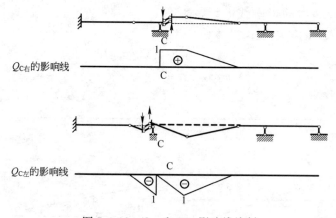

图 7.3-18 $Q_{C左}$ 和 $Q_{C右}$ 影响线绘制

【**例 7-12**】 图 7.3-19 所示结构，移动荷载 $P=1$ 在 A～B 间移动，求反力 Y_A、轴力 N_{DC} 的影响线。（华中科技大学，2006）

解析：这是一个桁架影响线问题，根据桁架影响线的特性，只需要将 $P=1$ 分别作用在 A、F、B 点求出相应量值的大小，然后连接节点间线段即可。

(1) $P=1$ 作用在 A 点时，显然：
$Y_A=1$，$N_{DC}=0$

(2) $P=1$ 作用在 F 点时，利用对称性，先

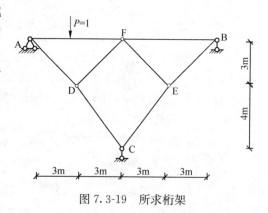

图 7.3-19 所求桁架

对 F 点进行结点分析,如图 7.3-20 所示。

有:$N_{DF}=N_{EF}=-\frac{\sqrt{2}}{2}$。然后对 D 点进行结点分析,有 $N_{DC}=-5$。根据 C 点平衡有 $Y_C=8$,则支反力 $Y_A=(1-Y_C)/2=-3.5$。

(3) $P=1$ 作用在 B 点时,显然:
$Y_A=0$,$N_{DC}=0$

由以上绘制反力 Y_A、轴力 N_{DC} 的影响线如图 7.3-21 所示。

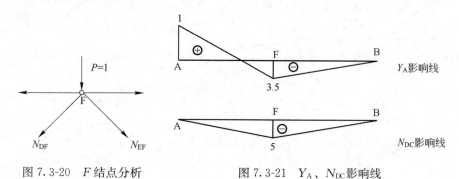

图 7.3-20 F 结点分析　　图 7.3-21 Y_A、N_{DC} 影响线

【**例 7-13**】 单位荷载在桁架(图 7.3-22)下弦移动,求 N_a 的影响线。(华南理工大学,1999)

解析:(1)当荷载面在 CD 段移动时,取 1—1 截面,以右半部分为研究对象(图 7.3-23)。

由 $\Sigma M_C=0$ 有:

$$P(2a-x)+N_a \cdot a=0 \Rightarrow N_a=\frac{x-2a}{a}$$

当 $x=0$ 时,$N_a=-2$
当 $x=a$ 时,$N_a=-1$
当 $x=2a$ 时,$N_a=0$
当 P 作用于 A 点时,$N_a=0$

(2) 作出 N_a 的影响线如图 7.3-24。

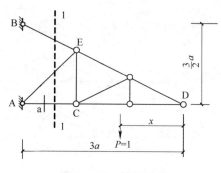

图 7.3-22 桁架示意

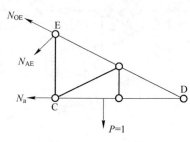

图 7.3-23 隔离体

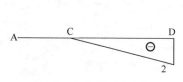

图 7.3-24 N_a 影响线

【例 7-14】 作图 7.3-25 所示桁架中杆 1，2 的内力影响线。$P=1$ 沿下弦移动。（北京交通大学，2005）

解析：（1）如图 7.3-26，沿 I—I 截面断开，根据 $\Sigma Y=0$ 可得 1 杆内力：

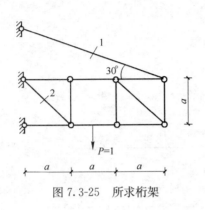

图 7.3-25　所求桁架

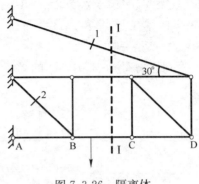

图 7.3-26　隔离体

$P=1$ 在 AB 段时，（取 I—I 断面右侧为隔离体）$N_1=0$；

$P=1$ 在 CD 段时，（取 I—I 断面右侧为隔离体）$N_1=2$；

$P=1$ 在 BC 段时，影响线图形直线过渡。

（2）对于 2 杆，$P=1$ 在 A、B 点时，杆内力容易求得，$P=1$ 作用在 BC、CD 间时，2 杆是零杆。

最终影响线如图 7.3-27 所示。

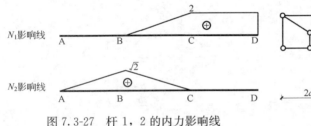

图 7.3-27　杆 1，2 的内力影响线

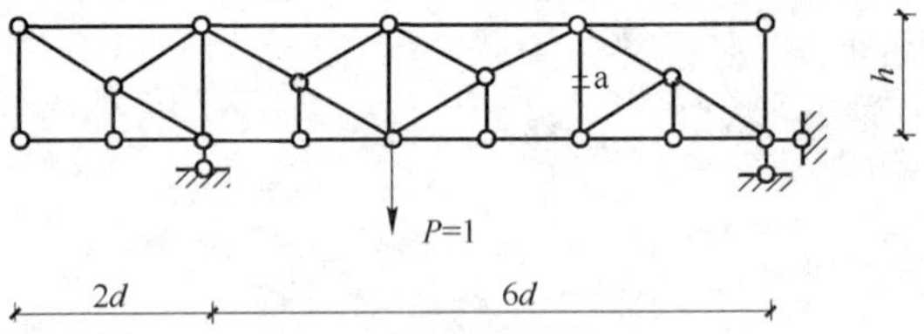

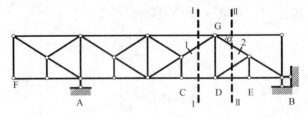

图 7.3-28　所求桁架

【例 7-15】 作图 7.3-28 所示桁架中杆 a 的内力影响线。（华南理工大学，2005）

解析： $P=1$ 作用在 FC 段时（见图 7.3-29），a 杆是零杆，在 CDB 段，a 杆内力借助先求出 1、2 杆内力再根据平衡关系求得。

（1）求 1 杆竖向分力影响线

$P=1$ 作用在 FC 段时取 I—I 断面右侧为隔离体（图 7.3-29），$N_{1y}=R_B$

$P=1$ 作用在 BD 段时取 I—I 断面左侧为隔离体（图 7.3-29），$N_{1y}=-R_A$

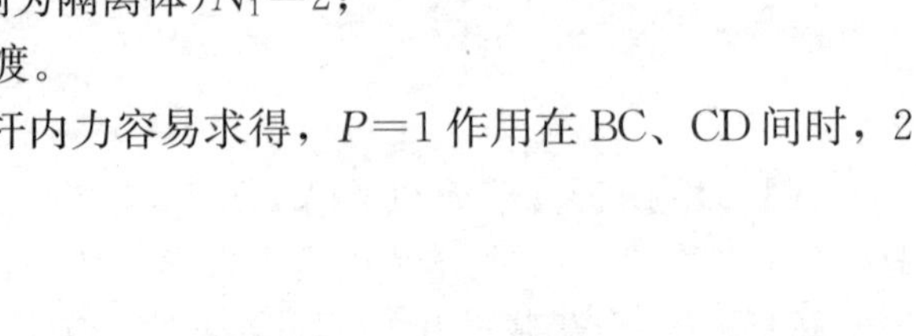

则 1 杆竖向分力影响线绘制如图 7.3-30(a)所示。

图 7.3-29　隔离体划分示意

(2) 求 2 杆竖向分力影响线

$P=1$ 作用在 FD 段时取Ⅱ—Ⅱ断面右侧为隔离体，$N_{2y}=-R_B$

$P=1$ 作用在 EB 段时取Ⅱ—Ⅱ断面左侧为隔离体，$N_{2y}=-R_A$

则 2 杆竖向分力影响线绘制如图 7.3-30(b)所示。

(3) 求 a 杆影响线

取 G 结点平衡得：$N_a=-N_{1y}-N_{2y}$

最终影响线如图 7.3-30(c)所示。

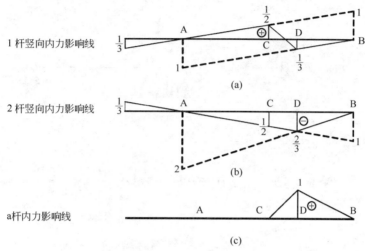

图 7.3-30　1、2、a 杆内力影响线

【例 7-16】 作图 7.3-31 所示梁中弯矩 M_A、M_K、剪力 Q_C、$Q_{D右}$ 的影响线，并求出在可任意分布的均布荷载 $q=20$kN/m 作用下 $Q_{D右}$ 最大值。(清华大学，2000)

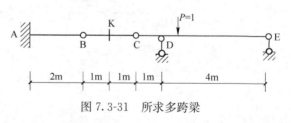

图 7.3-31　所求多跨梁

解析：此结构为多跨静定梁，用机动法作影响线比较方便，具体如图 7.3-32。

要使 $Q_{D右}$ 在均布荷载下取得最大值，只需将均布荷载在 BC 跨和 CE 跨满跨布置，此时的剪力为 $Q_{D右max}=20\times(0.5\times4\times1+0.5\times3\times0.25)=47.5$kN。

【例 7-17】 作图 7.3-33 所示 M_C 的影响线，并利用影响线来求图示荷载作用下的 M_C 值。(华南理工大学，2000)

解析：(1) 用机动法作出 M_C 的影响线(图 7.3-34)。

(2) 在图示荷载作用下

$M_C=-\dfrac{1}{2}\times20-\dfrac{1}{2}\times10+\dfrac{1}{2}\times4\times1\times5=-5$kN·m　（上侧受拉）

【例 7-18】 作图 7.3-35 所示结构 E 截面弯矩影响线，并求图示荷载作用下，E 截面弯矩 M_E。(河海大学，2006)

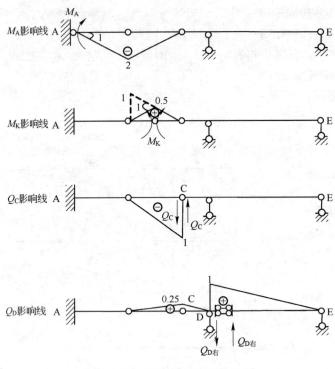

图 7.3-32 所求各量值的影响线

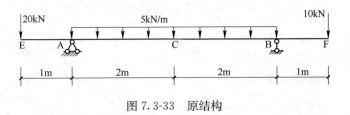

图 7.3-33 原结构

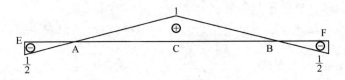

图 7.3-34 M_C 影响线

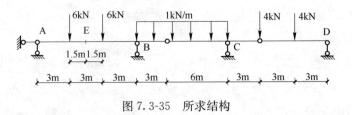

图 7.3-35 所求结构

解析： 用机动法绘制 M_E 的影响线如图 7.3-36。

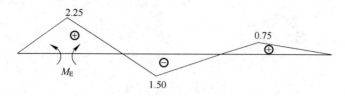

图 7.3-36 M_E 影响线

在图 7.3-35 所示荷载作用下，计算出各荷载位置处，影响线竖标的大小，利用式 (7.2-1) 求 E 截面弯矩 M_E：

$$M_E = 6 \times (1.5 + 1.5) - 1 \times 9 \times 1.5 \times 0.5 + 4 \times (0.75 + 0.375) = 15.75 \text{kN} \cdot \text{m}$$

【例 7-19】 作图 7.3-37 所示多跨梁的 M_B、Q_D 和 A 支座反力 R_A 的影响线。（东南大学，2003）

解析： 先作出荷载直接作用在主梁上时各量值的影响线，然后取各结点处的竖标，并将其在每一纵梁范围内连成直线，具体如图 7.3-38。

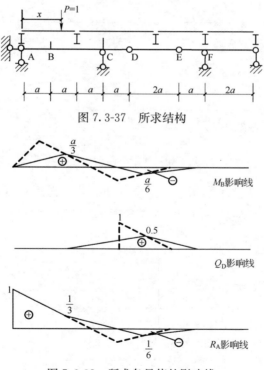

图 7.3-38 所求各量值的影响线

【例 7-20】 作图 7.3-39 所示主梁反力 R_B，弯矩 M_K、M_B，剪力 Q_B 的影响线。（清华大学，2001）

解析： 先用机动法作出直接荷载作用下的影响线，然后取各结点处的竖标将相邻两结点连成直线，具体如图 7.3-40。

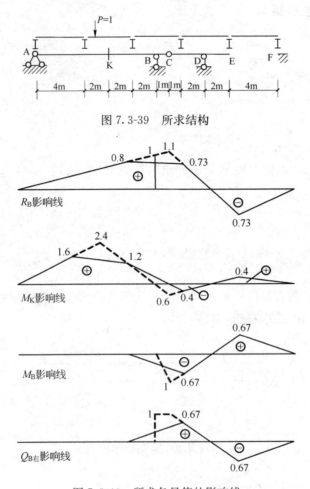

图 7.3-39 所求结构

图 7.3-40 所求各量值的影响线

【例 7-21】 图 7.3-41 所示结构，受集中移动荷载系作用。(1)作 B 支座反力 F_{RB} 的影响线；(2)求 F_{RB} 的最不利荷载位置及最大影响量。(河海大学，2007)

解析：(1)用机动法作 F_{RB} 的影响线如图 7.3-42。

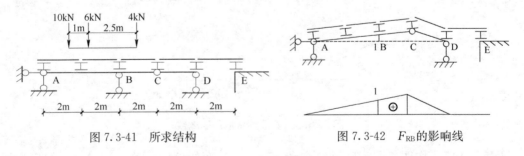

图 7.3-41 所求结构　　　　图 7.3-42 F_{RB} 的影响线

(2)先判断最不利荷载位置。通过试算确定 6kN 作用在顶点处时，R_B 值最大。

$$R_{Bmax}=10\times1.25+6\times1.5=21.5\text{kN}$$

【**例 7-22**】 对图 7.3-43 所示结构：
(1)作 CD 梁上截面 C 处 M_C 的影响线；
(2)作 AB 梁上支座 B 竖向反力 R_B 及梁中点 E 竖向位移 Δ_{E_y} 的影响线（梁的刚度为 EI）。$P=1$ 在 A-C-D 上移动（M_C 以下侧受拉为正）。（北京交通大学，2004）

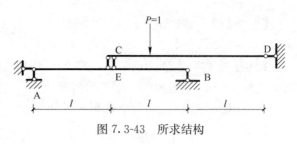

图 7.3-43 所求结构

解析：(1) M_C、R_B 用机动法求解，过程如图 7.3-44。

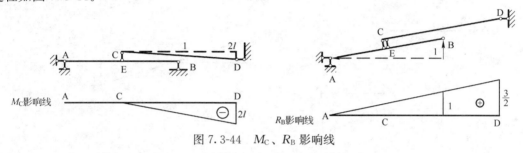

图 7.3-44 M_C、R_B 影响线

(2) 为求梁中点 E 竖向位移 Δ_{E_y} 的影响线，先求单位力作用在 E 点的单位弯矩图，再分别求 $P=1$ 作用在 AC、CD 段 AB 梁的弯矩表达式，最后与单位弯矩图图乘即可，最终影响线如图 7.3-45。

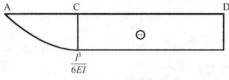

图 7.3-45 Δ_{E_y} 影响线

点评：本题解析(2)中，位移的影响线考核了影响线概念和静定结构位移计算的综合应用。提醒注意：静定结构位移的影响线一般是曲线图形。本题同时考察了间接荷载作用下的内力、影响线计算，是一道综合性较高的试题。

【**例 7-23**】 作图 7.3-46 所示结构中 $Q_{C右}$、M_D 和 R_B 的影响线。$P=1$ 在 ED 上移动。（北京交通大学，2008）

解析：对 $Q_{C右}$ 和 R_B 这是间接荷载问题，先用机动法作出直接荷载作用下的影响线，然后取各结点处的竖标将相邻两结点连成直线；M_D 直接利用机动法即可，具体结果如图 7.3-47。

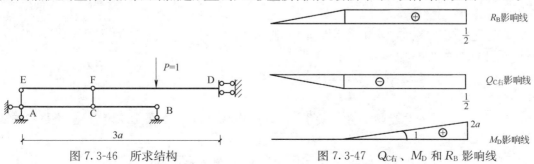

图 7.3-46 所求结构   图 7.3-47 $Q_{C右}$、M_D 和 R_B 影响线

【例 7-24】 当 $P=1$ 沿 AC 移动时,作图 7.3-48 所示结构中 R_B、M_K 影响线。(华南理工大学,2007)

解析: 本题可用静力法求解,将 $P=1$ 作用在 A、C 两点处分别求出 R_B、M_K 的量值,然后直线连接就形成所求影响线。

本题用机动法求解更简洁,影响线如图 7.3-49。(提示:注意 A、E 间位移关系)

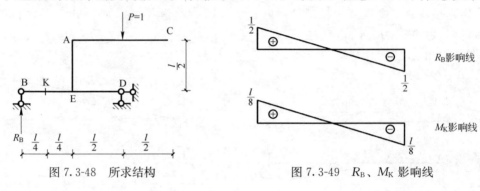

图 7.3-48 所求结构   图 7.3-49 R_B、M_K 影响线

【例 7-25】 图 7.3-50 所示结构 $P=1$ 在 DG 上移动,作 M_C 和 $Q_{C右}$ 的影响线。(华南理工大学,2006)

解析: 用机动法绘制影响线,如图 7.3-51。(提示:注意 E 与 C 的位移关系)

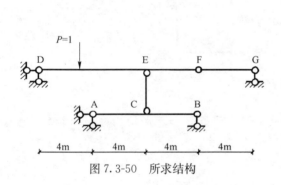
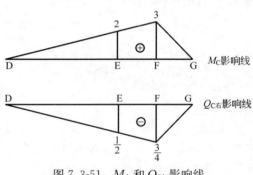

图 7.3-50 所求结构   图 7.3-51 M_C 和 $Q_{C右}$ 影响线

【例 7-26】 作图 7.3-52 所示结构 V_B、M_C 影响线($P=1$ 在 AB 上移动)。(大连理工大学,2000)

解析: 图 7.3-52 所示结构中 BD 为基本部分,ADE 为附属部分。

(1) 设 V_B 以竖直向上为正,用机动法作出当 $P=1$ 在 BD 段移动时的影响线 [图 7.3-53(a)]。

(2) 当 $P=1$ 移动到 A 点时,$V_B=0$,将 A、D 处的影响线连成直线 [图 7.3-53(a)]。

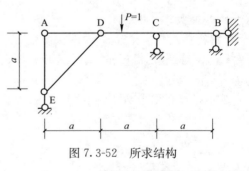

图 7.3-52 所求结构

(3) 设 M_C 以下部受拉为正,则用机动法作出当 $P=1$ 在 BD 段移动时的影响线 [图 7.3-53(b)]。

(4) 当 $P=1$ 移动到点 A 时,$M_C=0$,将 A、D 处的影响线连成直线。

(a) V_B影响线　　(b) M_C影响线

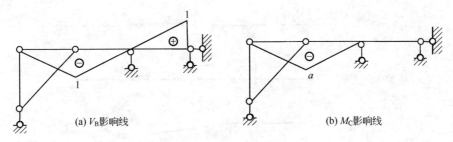

图 7.3-53　V_B 和 M_C 影响线

【例 7-27】 绘制图 7.3-54 所示结构剪力 $Q_{C左}$、$Q_{C右}$和弯矩 M_K 的影响线，已知移动荷载 $P=1$ 作用于上部。（同济大学，2000）

解析：图 7.3-54 所示结构中 EF 为附属部分，通过链杆 CK、DH 和支座 F 与下部连接，荷载只作用于 EF 杆上，作 $Q_{C左}$、$Q_{C右}$ 和 M_K 的影响线时可以用机动法。如图 7.3-55 所示。

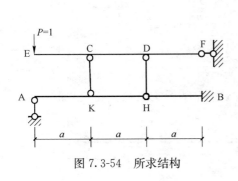

图 7.3-54　所求结构

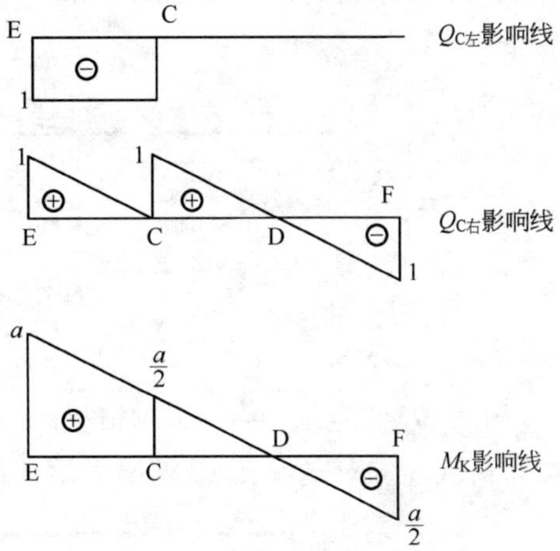

图 7.3-55　所求各量值的影响线

【例 7-28】 作图 7.3-56 所示结构中 $Q_{C右}$、M_F 和 N_a 的影响线。$P=1$ 在 AG 上移动。（北京交通大学，2007）

解析：这道题可以说是个“纸老虎”，很多同学会被结构形式吓一跳。但我们仔细观察结构的几何组成，对于 $Q_{C右}$、M_F 的影响线，结构可以等价为图 7.3-57，影响线如图 7.3-58。

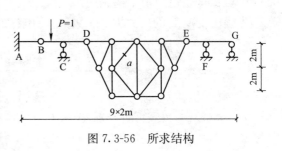

图 7.3-56　所求结构

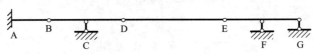

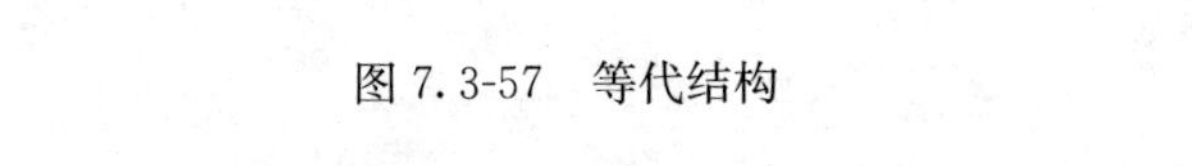

图 7.3-57　等代结构

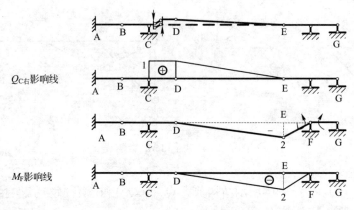

图 7.3-58　$Q_{C右}$、M_F 的影响线

所以，应用机动法，非常容易得到：

对于 a 杆内力，只有当 $P=1$ 作用在 DE 段时，内力不为零，则分别将 $P=1$ 作用在各结点求出 a 杆内力，再连接直线段即可（图 7.3-59）。

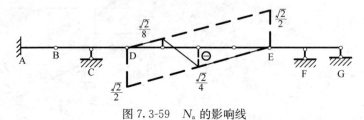

图 7.3-59　N_a 的影响线

【例 7-29】 图 7.3-60 所示连续梁，欲求支座 B 的最大反力及最大正弯矩时，画出可动均布荷载 q 的布置位置。（湖南大学，2001）

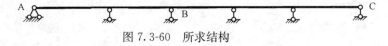

图 7.3-60　所求结构

解析： 这是超静定结构利用影响线求最不利荷载位置问题，用机动法作连续梁的影响线，先画出支座 B 的反力 R_B 和 M_B 的影响线的大致轮廓，如图 7.3-61 所示。

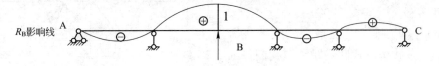

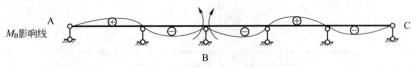

图 7.3-61　R_B 和 M_B 的影响线

由轮廓图可直接判断均布荷载 q 的布置位置如图 7.3-62。

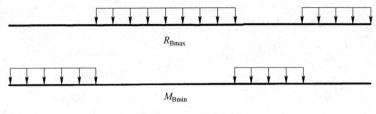

图 7.3-62 荷载布置位置

【例 7-30】 作图 7.3-63 所示多跨静定梁 R_A 和 M_C 的影响线。（北京交通大学，2011）

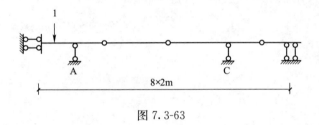

图 7.3-63

解析： 图 7.3-63 所示结构为多跨连续梁，应用机动法求解最方便，R_A 和 M_C 的影响线见图 7.3-64。

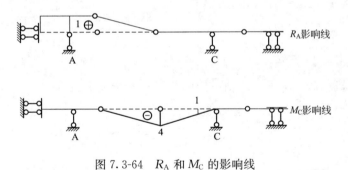

图 7.3-64 R_A 和 M_C 的影响线

【例 7-31】 利用影响线，求图 7.3-65 所示荷载作用下 M_C 和 R_D 的量值。（北京交通大学，2012）

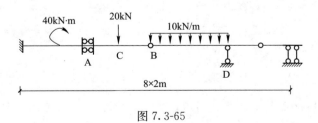

图 7.3-65

解析： 本题是利用影响线概念求解内力的题目。图 7.3-65 所示结构为多跨连续梁，先应用机动法求解 M_C 和 R_D 的影响线见图 7.3-66，然后再利用影响线求得相应量值。

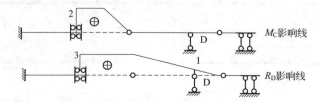

图 7.3-66　M_C 和 R_D 的影响线

在图 7.3-65 所示荷载作用下，M_C 和 R_D 的量值可分别求得如下：

$$M_C = 20 \times 2 = 40 \text{kN} \cdot \text{m}$$

$$R_D = 20 \times 3 + 10 \times \frac{1}{2}(1+3) \times 4 = 140 \text{kN}$$

【**例 7-32**】　试作图 7.3-67 所示结构 R_C、$Q_{B右}$ 和 M_D 的影响线。（主梁上各铰及链杆支座均位于次梁的跨中位置）（北京交通大学，2013）

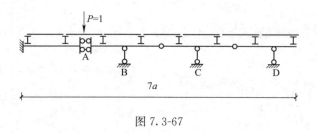

图 7.3-67

解析：应用机动法，求解各量值的影响线，见图 7.3-68。

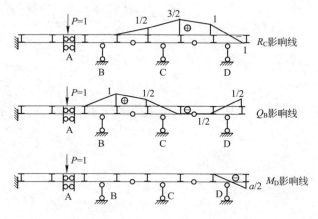

图 7.3-68　R_C、$Q_{B右}$ 和 M_D 的影响线

点评：对于间接荷载或结点荷载问题，应用机动法时要注意影响线对应的是次梁的机构虚位移图，与主梁位移一般不完全相同，这点非常重要。

第 8 章 结构动力计算

8.1 基本内容

本章主要介绍结构在动荷载的作用下,其动力响应的计算方法。内容包括:结构动力特性,即自振频率、振型、阻尼系数的计算;用刚度法和柔度法建立结构的振动微分方程;计算结构的最大位移(总位移)和最大内力。

8.2 要点与注意事项

8.2.1 本章要点

(1) 振动微分方程的建立
柔度法———一般适用于静定结构体系;
刚度法———一般适用于超静定结构体系。
(2) 体系自振频率的求解

8.2.2 注意事项

(1) 低阻尼结构的自由振动可以不考虑阻尼的影响。
(2) 振动方程有非零解的条件是

$$D=|\boldsymbol{K}-\omega^2\boldsymbol{M}|=0 \quad \text{或} \quad D=|\delta\boldsymbol{M}-\lambda\boldsymbol{I}|=0 \tag{8.2-1}$$

(3) 多自由度体系主振型的正交性
n 个自由度体系有 n 个自振频率,有 n 个与频率对应的线性无关的主振型:

$$\boldsymbol{A}^{(i)}=[A_{1i},\ A_{2i},\ \cdots,\ A_{ni}]^{\mathrm{T}} \quad (i=1,\ 2,\ \cdots,\ n) \tag{8.2-2}$$

(4) 对称性的利用
振动体系的对称性是指:结构对称、质量分布对称、强迫振动情况下动荷载对称。
对称体系的自由振动和强迫振动都可以利用对称性得到简化,将体系的自由振动视为正对称振动和反对称振动的叠加,对这两种振动分别取半结构进行计算;对强迫振动,可以将动荷载分解为正对称与反对称两组。如图 8.2-1 所示。

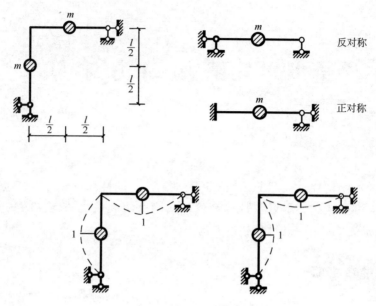

图 8.2-1 对称性的利用

8.3 真题解析

【例 8-1】 图 8.3-1(a)所示桁架，质量集中在结点 C 处，各杆 EA 均为常数，(1)求质点竖向振动时的自振频率；(2)若支座 B 按 $\Delta\sin\theta t$ 发生竖向振动，写出此时结构竖向振动的微分方程。不计阻尼。(浙江大学，2005 年)

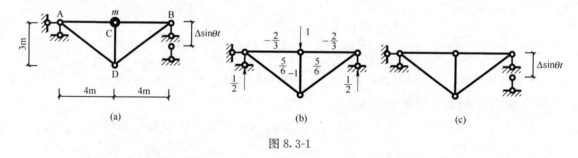

图 8.3-1

解析：利用柔度法求解。
(1) 求自振频率

$$\delta_{11}=\frac{1}{EA}\left[2\times\left(-\frac{2}{3}\right)^2\times 4+2\times\left(\frac{5}{6}\right)^2\times 5+1^2\times 3\right]=\frac{13.5}{EA}$$

$$\omega=\sqrt{\frac{1}{m\delta_{11}}}=0.2722\sqrt{\frac{EA}{m}}$$

(2) 写运动方程

$$\Delta_{1c}=-\Sigma\overline{F}_R\cdot c=-\frac{1}{2}\times(-\Delta\sin\theta t)=\frac{\Delta}{2}\sin\theta t$$

$$y(t)=-m\ddot{y}\,\delta_{11}+\Delta_{1c}$$

即
$$m\ddot{y}\delta_{11}+y(t)=\frac{\Delta}{2}\sin\theta t$$

【例 8-2】 图 8.3-2(a)所示体系横梁为刚性杆，单位长度质量为 $\overline{m}$，求自振圆频率。（浙江大学，2002 年）

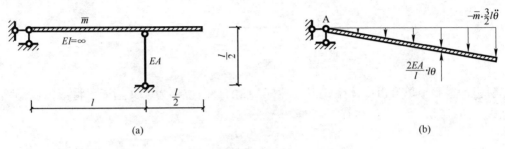

图 8.3-2

解析：设 θ 为刚性杆绕 A 点的转角。

$$\sum M_A=0,\quad \frac{1}{2}\cdot\frac{3}{2}l\cdot\left(-\frac{3}{2}\overline{m}l\ddot{\theta}\right)\cdot l=\frac{2EA}{l}\cdot l\theta\cdot l$$

$$\ddot{\theta}+\frac{16EA}{9\overline{m}l^2}\cdot\theta=0$$

由此可得

$$\omega=\sqrt{\frac{16EA}{9\overline{m}l^2}}=\frac{4}{3}\sqrt{\frac{EA}{\overline{m}l^2}}$$

【例 8-3】 图 8.3-3(a)所示结构，各杆为均质刚性杆，单位长度质量为 $\overline{m}$，k 为弹簧刚度，求自振频率。（华南理工大学，2006 年）

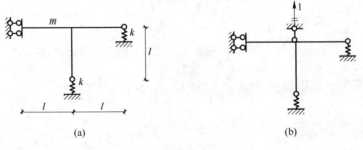

图 8.3-3

解析：图示结构只有一个竖直方向的振动自由度，利用刚度法计算。

$$k_{11}=2k,\quad m=3\overline{m}l$$

则

$$\omega=\sqrt{\frac{k_{11}}{m}}=\sqrt{\frac{2k}{3\overline{m}l}}$$

【例 8-4】 求图 8.3-4(a)所示结构的自振频率。(华南理工大学，2004 年)

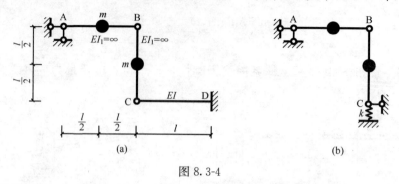

图 8.3-4

解析：这是个单自由度体系，以刚性杆 BC 的竖向位移为广义坐标。将图(a)所示结构转化成为图(b)所示结构，则有

$$k = \frac{3EI}{l^3}$$

$$\Sigma M_A = 0, \quad \left(-\frac{1}{2} m \ddot{y}\right) \cdot \frac{1}{2} l + (-m \ddot{y}) \cdot l = \frac{3EI}{l^3} \cdot y \cdot l$$

$$\frac{5}{4} m \ddot{y} + \frac{3EI}{l^3} y = 0$$

$$\omega = \sqrt{\frac{12EI}{5ml^3}} = 1.5492 \sqrt{\frac{EI}{ml^3}}$$

【例 8-5】 图 8.3-5 所示结构，不计阻尼和杆件质量，弹簧刚度为 k。若要其发生共振，动荷载 $M(t) = M\sin\theta t$ 的频率 θ 应等于_____。(清华大学，2006 年)

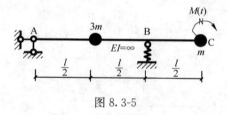

图 8.3-5

解析：本题的实质是计算结构的自振频率，以 A 处的转角 θ 为广义坐标。

$$\Sigma M_A = 0, \quad \left(-3m \ddot{\theta} \frac{l}{2}\right) \cdot \frac{1}{2} l + \left(-m \ddot{\theta} \frac{3l}{2}\right) \cdot \frac{3l}{2} = k \cdot \theta l \cdot l$$

$$3m \ddot{\theta} + k\theta = 0, \quad \omega = \sqrt{\frac{k}{3m}}$$

所以，发生共振时应有 $\theta = \omega$，即

$$\theta = \omega = \sqrt{\frac{k}{3m}}$$

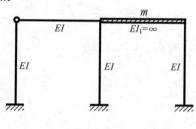

图 8.3-6

【例 8-6】 试求图 8.3-6 所示结构的自振频率，杆长均为 l，单位长度质量为 $\overline{m}$。(华南理工大学，2007 年)

解析：这是个单自由度体系，以刚性杆的水平位移为广义坐标。

$$k_{11}=\frac{27EI}{l^3}, \quad m=\overline{m}l, \quad \omega=\sqrt{\frac{k_{11}}{m}}=\sqrt{\frac{27EI}{\overline{m}l^4}}$$

【**例 8-7**】 试求图 8.3-7(a)所示结构稳态阶段的动弯矩幅值图。已知 $\theta=0.5\omega$（ω 为自振频率），不计杆件自重和阻尼。（大连理工大学，2005 年）

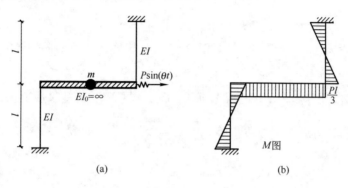

图 8.3-7

解析：体系的静弯矩图可利用位移法或者剪力分配法求得。

$$\theta=0.5\omega, \quad \mu=\frac{1}{1-\left(\frac{\theta}{\omega}\right)^2}=\frac{4}{3}, \quad M_{st}=\frac{Pl}{4}, \quad M_d=\mu M_{st}\sin\theta t=\frac{Pl}{3}\sin\theta t$$

由此得到体系的动弯矩幅值图如图 8.3-7(b)所示。

【**例 8-8**】 计算图 8.3-8(a)所示结构稳态阶段的固定端 A 处的最大动弯矩，已知 $\theta=0.4\omega$。（清华大学，2006 年）

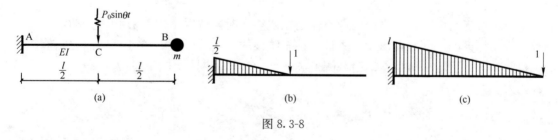

图 8.3-8

解析：单自由度体系，当动荷载不作用在质点上时，位移动力系数和内力动力系数不相等，应从体系的运动方程出发，先计算稳态阶段的动位移幅值，再计算惯性力幅值，最后，按照静力方法求出结构在动荷载幅值和惯性力幅值共同作用下的内力，即为结构的最大动内力。

运动方程　　　$y(t)=F_I(t)\delta_{11}+P(t)\delta_{1P}$　　或　　$\ddot{y}+\omega^2 y=\frac{\delta_{1P}}{\delta_{11}}P(t)$

自振频率 $\omega=\sqrt{\frac{3EI}{ml^3}}$，$\theta=0.4\omega$，动力放大系数 $\mu=1.1905$

稳态阶段方程的解
$$y(t)=\mu \cdot \frac{\delta_{1P}}{\delta_{11}}P_0 \cdot \frac{1}{m\omega^2}\sin\theta t$$

$$\delta_{11}=\frac{l^3}{3EI}, \quad \delta_{1P}=\frac{5l^3}{48EI}$$

最大动位移为
$$y_{d,\max}=\mu y_{st}=\mu\frac{\delta_{1P}}{\delta_{11}}P_0\delta_{11}=1.1905\times\frac{5P_0l^3}{48EI}=0.124\frac{P_0l^3}{EI}$$

最大动弯矩为
$$M_{d,\max}=F_{I,\max}l+\frac{1}{2}F_0l=1.1905\times\frac{5}{16}\times 0.16P_0l+0.5P_0l=0.5595P_0l$$

【例 8-9】 试求图 8.3-9(a)所示梁在简谐荷载作用下作无阻尼强迫振动时质量所在点的动位移幅值，并绘出最大动力弯矩图。已知 $\theta=\sqrt{\dfrac{6EI}{ml^3}}$。（同济大学，2004 年）

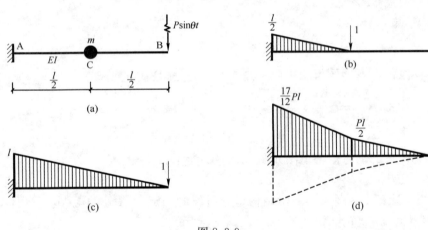

图 8.3-9

解析：单自由度体系，当动荷载不作用在质点上时，位移动力系数和内力动力系数不相等，应从体系的运动方程出发，先计算稳态阶段的动位移幅值，再计算惯性力幅值，最后，按照静力方法求出结构在动荷载幅值和惯性力幅值共同作用下的内力，即为结构的最大动内力。

运动方程 $\quad y(t)=F_I(t)\delta_{11}+P(t)\delta_{1P}\quad$ 或 $\quad \ddot{y}+\omega^2 y=\dfrac{\delta_{1P}}{\delta_{11}}P(t)$

自振频率 $\omega=\sqrt{\dfrac{24EI}{ml^3}}$，动力放大系数 $\mu=\dfrac{4}{3}$

稳态阶段方程的解 $\quad y(t)=\mu\cdot\dfrac{\delta_{1P}}{\delta_{11}}\cdot\dfrac{P(t)}{m\omega^2}=\mu\cdot\delta_{1P}\cdot P\sin\theta t$

$$\delta_{11}=\frac{l^3}{24EI}, \quad \delta_{1P}=\frac{5l^3}{48EI}$$

最大动位移为
$$y_{d,\max}=A=\mu y_{st}=\mu\delta_{1P}P=\frac{4}{3}\times\frac{5Pl^3}{48EI}=\frac{5Pl^3}{36EI}$$

最大动弯矩为

$$M_{d,\max}=F_{I,\max}\cdot\frac{l}{2}+Pl=mA\theta^2+Pl=m\times\frac{5Pl^3}{36EI}\times\frac{6EI}{ml^3}+Pl=\frac{17}{12}Pl$$

【例 8-10】 作图 8.3-10(a)所示结构稳态阶段的最大动弯矩图，并求柱顶及荷载作用点的最大动位移，已知 $\theta^2=\dfrac{8EI}{mh^3}$，不计杆件自重和阻尼。（同济大学，2001 年）

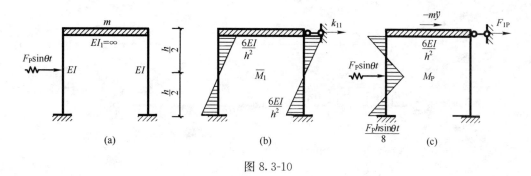

图 8.3-10

解析：利用位移法建立运动方程，再计算结构动力响应。在柱顶处加一水平附加链杆，作 $\overline{M}_1$、M_P 图，见图 8.3-10(b)、(c)计算系数。

$$k_{11}y+F_{1P}=0$$

$$k_{11}=\frac{12EI}{h^3}\times 2=\frac{24EI}{h^3},\quad F_{1P}=m\ddot{y}-\frac{1}{2}F_P\sin\theta t$$

得到运动方程

$$m\ddot{y}+\frac{24EI}{h^3}y=\frac{1}{2}F_P\sin\theta t$$

设稳态解为 $y=A\sin\theta t$，代入上式得

$$\left(-m\theta^2+\frac{24EI}{h^3}\right)A\sin\theta t=\frac{1}{2}F_P\sin\theta t$$

$$\left(-m\theta^2+\frac{24EI}{h^3}\right)A=\frac{1}{2}F_P$$

得到柱顶最大动位移

$$A=\frac{F_P}{2\left(-m\theta^2+\dfrac{24EI}{h^3}\right)}=\frac{F_P}{2\left(-m\dfrac{8EI}{mh^3}+\dfrac{24EI}{h^3}\right)}=\frac{F_Ph^3}{32EI}$$

最大动弯矩图可按照 $M=\overline{M}_1A+M_P$ 作出。

为求荷载作用点的最大动位移，可作出任一基本结构在虚设单位力作用下的弯矩图，利用图乘法计算相应位移。

$$y_{F_P,\max}=\frac{1}{EI}\left[\frac{1}{2}\cdot\frac{h}{2}\cdot\frac{h}{2}\cdot\left(\frac{5F_Ph}{16}\cdot\frac{2}{3}-\frac{2F_Ph}{16}\cdot\frac{1}{3}\right)\right]=\frac{F_Ph^3}{48EI}$$

【例 8-11】 已知图 8.3-11(a)所示结构的自振频率 $\omega=\sqrt{\dfrac{EI}{ml^3}}$，不计杆件自重和阻尼，计算 D 处弹簧的刚度系数 k，并计算在动力荷载 $F_P(t)=F_P\sin\theta t$ 作用下，质点 m 的最大动位移，$\theta=2\omega$。（同济大学，2006 年）

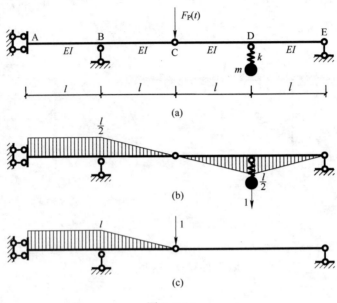

图 8.3-11

解析：（1）计算 D 处弹簧的刚度系数 k

$$\delta_{11}=\frac{3}{EI}\left[\frac{1}{2}\times l\times \frac{l}{2}\times\left(\frac{l}{2}\times\frac{2}{3}\right)\right]+\frac{1}{EI}\left[l\times\frac{l}{2}\times\left(\frac{l}{2}\right)\right]+\frac{1\times 1}{k}=\frac{l^3}{2EI}+\frac{1}{k}$$

$$\omega^2=\frac{1}{m\delta_{11}}=\frac{EI}{ml^3}$$

$$\delta_{11}=\frac{l^3}{2EI}+\frac{1}{k}=\frac{l^3}{EI}$$

故

$$k=\frac{2EI}{l^3}$$

（2）计算质点 m 的最大动位移

质点 m 的运动方程为

$$y(t)=F_I(t)\delta_{11}+F_P(t)\delta_{1P} \quad 或 \quad \ddot{y}+\omega^2 y=\frac{\delta_{1P}}{\delta_{11}}F_P(t)$$

$$\delta_{11}=\frac{l^3}{EI},\quad \delta_{1P}=\frac{1}{EI}\left[l\times\frac{l}{2}\times l+\frac{1}{2}\times l\times\frac{l}{2}\times\left(l\times\frac{2}{3}\right)\right]=\frac{2l^3}{3EI}$$

$$y_{st}=\frac{\delta_{1P}}{\delta_{11}}F_P\delta_{11}=\frac{2F_Pl^3}{3EI}$$

$$\theta=2\omega,\quad \mu=\frac{1}{1-\left(\dfrac{\theta}{\omega}\right)^2}=-\frac{1}{3}$$

$$y_{d,\max} = |\mu y_{st}| = \left|\mu \frac{\delta_{1P}}{\delta_{11}} F_P \delta_{11}\right| = \left|-\frac{1}{3} \times \frac{2F_P l^3}{3EI}\right| = \frac{2F_P l^3}{9EI}$$

【例 8-12】 图 8.3-12(a)所示结构在杆端 A 处作用一集中力偶矩 $M(t) = M_0 \sin\theta t$，弹性支座的弹簧常数为 k，各刚性杆的质量可以忽略不计。试求各质量的最大动位移。（同济大学，1999 年）

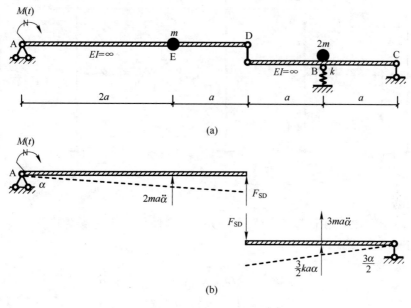

图 8.3-12

解析：这是一个广义单自由度体系，取刚性杆 AD 的 A 端转角 α 为广义坐标，则刚性杆 DC 绕 C 点的转角等于 $\frac{3}{2}\alpha$。先建立运动方程，再进行求解。分别以刚性杆 AD 和 DC 为隔离体，建立平衡方程。

对于 AD 杆有
$$\sum M_A = 0, \quad F_{SD} \cdot 3a + 2ma\ddot{\alpha} \cdot 2a = M(t)$$

对于 DC 杆有
$$\sum M_C = 0, \quad \frac{3}{2}ka\alpha \cdot a + 3ma\ddot{\alpha} \cdot a = F_{SD} \cdot 2a$$

由以上两个方程，消去 F_{SD} 得
$$2ma^2\ddot{\alpha} + 9ka^2\alpha = -4M(t)$$

令 $\alpha = \alpha_0 \sin\theta t$，代入上式
$$-2ma^2\theta^2\alpha_0 + 9ka^2\alpha_0 = -4M_0$$

得到
$$\alpha_0 = \frac{4M_0}{a^2(2m\theta^2 - 9k)}$$

$$y_{E,\max} = 2a|\alpha_0| = \frac{8M_0}{a|2m\theta^2 - 9k|}$$

$$y_{B,\max} = \frac{3}{2}a|\alpha_0| = \frac{6M_0}{a^2|2m\theta^2 - 9k|}$$

【例 8-13】 计算图 8.3-13(a)所示结构的自振频率和主振型，设横梁为无限刚性，柱子的线刚度如图，体系的全部质量集中在横梁上。（同济大学，2004 年）

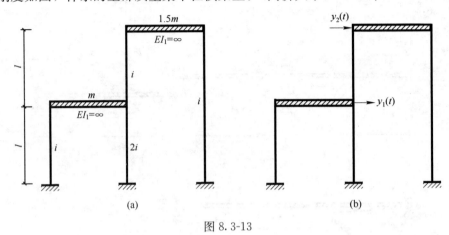

图 8.3-13

解析： 图示结构为两个自由度体系，以两根刚性杆水平位移为广义坐标[图 8.3-13(b)]，采用刚度法求解。

（1）运动方程

$$\begin{cases} m_1\ddot{y}_1(t) + k_{11}y_1(t) + k_{12}y_2(t) = 0 \\ m_2\ddot{y}_2(t) + k_{21}y_1(t) + k_{22}y_2(t) = 0 \end{cases}$$

作 $\overline{M}_1$，$\overline{M}_2$ 图，计算系数。

$$k_{11} = \frac{12i}{l^2} \times 2 + \frac{12 \times 2i}{l^2} = \frac{48i}{l^2}, \quad k_{22} = \frac{12i}{l^2} + \frac{12i}{(2l)^2} = \frac{15i}{l^2}$$

$$k_{12} = k_{21} = -\frac{12i}{l^2}, \quad m_1 = m, \quad m_2 = 1.5m$$

（2）振型方程

$$\begin{cases} (k_{11} - m_1\omega^2)A_1 + k_{12}A_2 = 0 \\ k_{21}A_1 + (k_{22} - m_2\omega^2)A_2 = 0 \end{cases}$$

将系数代入振型方程，有

$$\begin{cases} \left(\frac{48i}{l^2} - m\omega^2\right)A_1 - \frac{12i}{l^2}A_2 = 0 \\ -\frac{12i}{l^2}A_1 + \left(\frac{15i}{l^2} - 1.5m\omega^2\right)A_2 = 0 \end{cases}$$

用 $\frac{l^2}{i}$ 乘以上式各项，令 $\frac{ml^2}{i} \cdot \omega^2 = \eta$，得到简化后的振型方程

$$\begin{cases} (48 - \eta)A_1 - 12A_2 = 0 \\ -12A_1 + (15 - 1.5\eta)A_2 = 0 \end{cases}$$

（3）频率方程

令简化后振型方程的系数行列式等于零，得到频率方程

$$\begin{vmatrix} (48-\eta) & -12 \\ -12 & (15-1.5\eta) \end{vmatrix}=0$$

展开行列式，得到

$$\eta^2-58\eta+384=0, \quad \eta_1=7.6224, \quad \eta_2=50.3776$$

$$\omega_1=\sqrt{\frac{i}{ml^2}\cdot\eta_1}=2.7609\sqrt{\frac{i}{ml^2}}, \quad \omega_2=\sqrt{\frac{i}{ml^2}\cdot\eta_2}=7.0977\sqrt{\frac{i}{ml^2}}$$

(4) 计算主振型

利用简化之后的振型方程计算主振型。

当 $\eta=\eta_1=7.6224$ 时，假设 $A_{11}=1$，则

$$(48-\eta_1)A_{11}-12A_{21}=0, \quad \frac{A_{21}}{A_{11}}=\frac{48-\eta_1}{12}=3.3648, \quad [A^{(1)}]=\begin{bmatrix}1\\3.3648\end{bmatrix}$$

当 $\eta=\eta_2=50.3776$ 时，假设 $A_{12}=1$，则

$$(48-\eta_2)A_{12}-12A_{22}=0, \quad \frac{A_{22}}{A_{12}}=\frac{48-\eta_2}{12}=-0.1981, \quad [A^{(2)}]=\begin{bmatrix}1\\-0.1981\end{bmatrix}$$

【例 8-14】 计算图 8.3-14(a)所示结构的自振频率和主振型。（同济大学，2005 年）

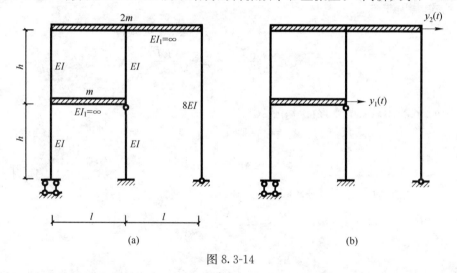

图 8.3-14

解析：图示结构为两个自由度体系，以两根刚性杆水平位移为广义坐标 [图 8.3-14(b)]，采用刚度法求解。

(1) 运动方程

$$\begin{cases} m_1\ddot{y}_1(t)+k_{11}y_1(t)+k_{12}y_2(t)=0 \\ m_2\ddot{y}_2(t)+k_{21}y_1(t)+k_{22}y_2(t)=0 \end{cases}$$

作 $\overline{M}_1$，$\overline{M}_2$ 图，计算系数。

$$k_{11}=\frac{12EI}{h^3}\times 2+\frac{3EI}{h^3}=\frac{27EI}{h^3}, \quad k_{22}=\frac{12EI}{h^3}\times 2+\frac{3\times 8EI}{(2h)^3}+k=\frac{27EI}{h^3}$$

$$k_{12}=k_{21}=-\frac{24EI}{h^3}, \quad m_1=m, \quad m_2=2m$$

(2) 振型方程

$$\begin{cases}(k_{11}-m_1\omega^2)A_1+k_{12}A_2=0\\k_{21}A_1+(k_{22}-m_2\omega^2)A_2=0\end{cases}$$

将系数代入振型方程，有

$$\begin{cases}\left(\dfrac{27EI}{h^3}-m\omega^2\right)A_1-\dfrac{24EI}{h^3}A_2=0\\-\dfrac{24EI}{h^3}A_1+\left(\dfrac{27EI}{h^3}-2m\omega^2\right)A_2=0\end{cases}$$

用 $\dfrac{h^3}{EI}$ 乘以上式各项，令 $\dfrac{mh^3}{EI}\cdot\omega^2=\eta$，得到简化后的振型方程

$$\begin{cases}(27-\eta)A_1-24A_2=0\\-24A_1+(27-2\eta)A_2=0\end{cases}$$

(3) 频率方程

令简化后振型方程的系数行列式等于零，得到频率方程

$$\begin{vmatrix}(27-\eta) & -24\\-24 & (27-2\eta)\end{vmatrix}=0$$

展开行列式，得到

$$2\eta^2-81\eta+153=0, \quad \eta_1=1.9863, \quad \eta_2=38.5137$$

$$\omega_1=\sqrt{\dfrac{EI}{mh^3}\cdot\eta_1}=1.4094\sqrt{\dfrac{EI}{mh^3}}, \quad \omega_2=\sqrt{\dfrac{EI}{mh^3}\cdot\eta_2}=6.2059\sqrt{\dfrac{EI}{mh^3}}$$

(4) 计算主振型

利用简化之后的振型方程计算主振型。

当 $\eta=\eta_1=1.9863$ 时，假设 $A_{11}=1$，则

$$(27-\eta_1)A_{11}-24A_{21}=0, \quad \dfrac{A_{21}}{A_{11}}=\dfrac{27-\eta_1}{24}=1.0422, \quad [A^{(1)}]=\begin{bmatrix}1\\1.0422\end{bmatrix}$$

当 $\eta=\eta_2=38.5137$ 时，假设 $A_{12}=1$，则

$$(27-\eta_2)A_{12}-24A_{22}=0, \quad \dfrac{A_{22}}{A_{12}}=\dfrac{27-\eta_2}{24}=-0.4797, \quad [A^{(2)}]=\begin{bmatrix}1\\-0.4797\end{bmatrix}$$

【例 8-15】 计算图 8.3-15(a)所示结构的自振频率和主振型，绘制振型图，并利用主振型正交性验算计算结果。不计杆件自重和阻尼，弹簧刚度 $k=\dfrac{EI}{l^3}$。（同济大学，1998 年）

解析：图示结构为两个自由度体系，以两根刚性杆水平位移为广义坐标 [图 8.3-15(b)]，采用刚度法求解。

(1) 运动方程

$$\begin{cases}m_1\ddot{y}_1(t)+k_{11}y_1(t)+k_{12}y_2(t)=0\\m_2\ddot{y}_2(t)+k_{21}y_1(t)+k_{22}y_2(t)=0\end{cases}$$

作 $\overline{M}_1$，$\overline{M}_2$ 图，计算系数。

$$k_{11}=\dfrac{12EI}{l^3}\times 2+\dfrac{3EI}{l^3}=\dfrac{27EI}{l^3}, \quad k_{22}=\dfrac{12EI}{l^3}+\dfrac{12\times 2EI}{(2l)^3}+k=\dfrac{16EI}{l^3}$$

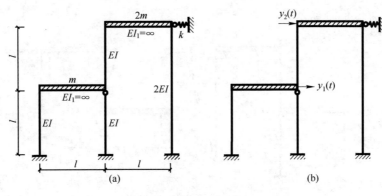

图 8.3-15

$$k_{12}=k_{21}=-\frac{12EI}{l^3}, \quad m_1=m, \quad m_2=2m$$

(2) 振型方程

$$\begin{cases}(k_{11}-m_1\omega^2)A_1+k_{12}A_2=0\\ k_{21}A_1+(k_{22}-m_2\omega^2)A_2=0\end{cases}$$

将系数代入振型方程，有

$$\begin{cases}\left(\dfrac{27EI}{l^3}-m\omega^2\right)A_1-\dfrac{12EI}{l^3}A_2=0\\ -\dfrac{12EI}{l^3}A_1+\left(\dfrac{16EI}{l^3}-2m\omega^2\right)A_2=0\end{cases}$$

用 $\dfrac{l^3}{EI}$ 乘以上式各项，令 $\dfrac{ml^3}{EI}\cdot\omega^2=\eta$，得到简化后的振型方程

$$\begin{cases}(27-\eta)A_1-12A_2=0\\ -12A_1+(16-2\eta)A_2=0\end{cases}$$

(3) 频率方程

令简化后振型方程的系数行列式等于零，得到频率方程

$$\begin{vmatrix}(27-\eta) & -12\\ -12 & (16-2\eta)\end{vmatrix}=0$$

展开行列式，得到

$$\eta^2-35\eta+144=0, \quad \eta_1=4.7622, \quad \eta_2=30.2377$$

$$\omega_1=\sqrt{\frac{EI}{ml^3}\cdot\eta_1}=2.1822\sqrt{\frac{EI}{ml^3}}, \quad \omega_2=\sqrt{\frac{EI}{ml^3}\cdot\eta_2}=5.4989\sqrt{\frac{EI}{ml^3}}$$

(4) 计算主振型

利用简化之后的振型方程计算主振型。

当 $\eta=\eta_1=4.7622$ 时，假设 $A_{11}=1$，则

$$(27-\eta_1)A_{11}-12A_{21}=0, \quad \frac{A_{21}}{A_{11}}=\frac{27-\eta_1}{12}=1.8532, \quad [A^{(1)}]=\begin{bmatrix}1\\ 1.8532\end{bmatrix}$$

当 $\eta=\eta_2=30.2377$ 时，假设 $A_{12}=1$，则

$$(27-\eta_2)A_{12}-12A_{22}=0, \quad \frac{A_{22}}{A_{12}}=\frac{27-\eta_2}{12}=-0.2698, \quad [A^{(2)}]=\begin{bmatrix}1\\ -0.2698\end{bmatrix}$$

主振型如图 8.3-16 所示。

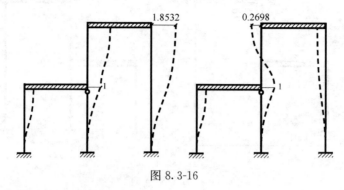

图 8.3-16

（5）利用振型正交性验算计算结果

$$[A^{(1)}]^T[M][A^{(2)}]=\begin{bmatrix}1 & 1.8532\end{bmatrix}\begin{bmatrix}m & 0 \\ 0 & 2m\end{bmatrix}\begin{bmatrix}1 \\ -0.2698\end{bmatrix}\approx 0$$

$$[A^{(1)}]^T[K][A^{(2)}]=\begin{bmatrix}1 & 1.8532\end{bmatrix}\cdot\frac{EI}{l^3}\begin{bmatrix}27 & -12 \\ -12 & 16\end{bmatrix}\begin{bmatrix}1 \\ -0.2689\end{bmatrix}\approx 0$$

计算误差不可避免，可以认为主振型之间满足正交性，计算所得频率、主振型是正确的。

【例 8-16】 计算图 8.3-17(a)所示结构的自振频率和主振型，弹簧刚度 $k_N=\dfrac{5EI}{l^3}$。（同济大学，2006 年）

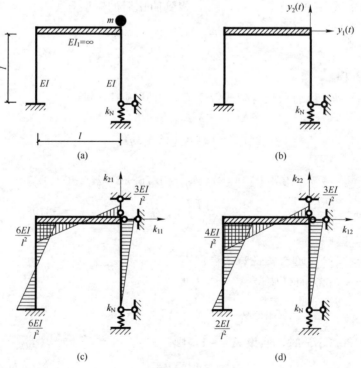

图 8.3-17

解析：图示结构为两个自由度体系，分别以质点 m 的水平位移和竖直位移为广义坐标 [图 8.3-17(b)]，采用刚度法求解。

(1) 运动方程

$$\begin{cases} m_1 \ddot{y}_1(t) + k_{11} y_1(t) + k_{12} y_2(t) = 0 \\ m_2 \ddot{y}_2(t) + k_{21} y_1(t) + k_{22} y_2(t) = 0 \end{cases}$$

作 $\overline{M}_1$，$\overline{M}_2$ 图 [图 8.3-17(c)、(d)]，计算系数。

$$k_{11} = \frac{12EI}{l^3} + \frac{3EI}{l^3} = \frac{15EI}{l^3}, \quad k_{22} = \frac{7EI}{l^3} + k_N = \frac{12EI}{l^3}$$

$$k_{12} = k_{21} = \frac{9EI}{l^3}, \quad m_1 = m_2 = m$$

(2) 振型方程

$$\begin{cases} (k_{11} - m_1 \omega^2) A_1 + k_{12} A_2 = 0 \\ k_{21} A_1 + (k_{22} - m_2 \omega^2) A_2 = 0 \end{cases}$$

将系数代入振型方程，有

$$\begin{cases} \left(\dfrac{15EI}{l^3} - m\omega^2\right) A_1 + \dfrac{9EI}{l^3} A_2 = 0 \\ \dfrac{9EI}{l^3} A_1 + \left(\dfrac{12EI}{l^3} - m\omega^2\right) A_2 = 0 \end{cases}$$

用 $\dfrac{l^3}{3EI}$ 乘以上式各项，令 $\dfrac{ml^3}{3EI} \cdot \omega^2 = \eta$，得到简化后的振型方程

$$\begin{cases} (5 - \eta) A_1 + 3 A_2 = 0 \\ 3 A_1 + (4 - \eta) A_2 = 0 \end{cases}$$

(3) 频率方程

令简化后振型方程的系数行列式等于零，得到频率方程

$$\begin{vmatrix} (5-\eta) & 3 \\ 3 & (4-\eta) \end{vmatrix} = 0$$

展开行列式，得到

$$\eta^2 - 9\eta + 11 = 0, \quad \eta_1 = 1.4586, \quad \eta_2 = 7.5414$$

$$\omega_1 = \sqrt{\frac{3EI}{ml^3} \cdot \eta_1} = 2.0918 \sqrt{\frac{EI}{ml^3}}, \quad \omega_2 = \sqrt{\frac{3EI}{ml^3} \cdot \eta_2} = 4.7565 \sqrt{\frac{EI}{ml^3}}$$

(4) 计算主振型

利用简化之后的振型方程计算主振型。

当 $\eta = \eta_1 = 1.4586$ 时，假设 $A_{11} = 1$，则

$$(5 - \eta_1) A_{11} + 3 A_{21} = 0, \quad \frac{A_{21}}{A_{11}} = \frac{5 - \eta_1}{-3} = -1.1805, \quad [A^{(1)}] = \begin{bmatrix} 1 \\ -1.1805 \end{bmatrix}$$

当 $\eta = \eta_2 = 7.5414$ 时，假设 $A_{12} = 1$，则

$$(5 - \eta_2) A_{12} + 3 A_{22} = 0, \quad \frac{A_{22}}{A_{12}} = \frac{5 - \eta_2}{-3} = 0.8471, \quad [A^{(2)}] = \begin{bmatrix} 1 \\ 0.8471 \end{bmatrix}$$

【例 8-17】 在图 8.3-18(a)所示体系中，m 为集中质量，各杆 $EI =$ 常数。试求体系的

自振频率和主振型。(同济大学,2003年)

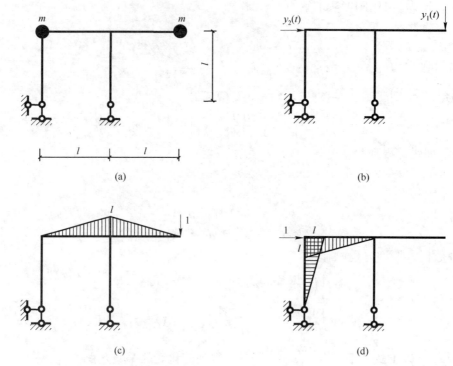

图 8.3-18

解析:这是两个自由度体系,取两质点水平位移和右侧质点竖向位移为广义坐标[图 8.3-18(b)],采用柔度法求解。

(1) 运动方程

$$\begin{cases} y_1(t) = -m_1 \ddot{y}_1(t)\delta_{11} - m_2 \ddot{y}_2(t)\delta_{12} \\ y_2(t) = -m_1 \ddot{y}_1(t)\delta_{21} - m_2 \ddot{y}_2(t)\delta_{22} \end{cases}$$

作 $\overline{M}_1$,$\overline{M}_2$ 图 [图 8.3-18(c)、(d)],计算柔度系数。

$$\delta_{11} = 2 \times \frac{l^3}{3EI} = \frac{2l^3}{3EI}, \quad \delta_{12} = \delta_{21} = -\frac{l^3}{6EI}, \quad \delta_{22} = 2 \times \frac{l^3}{3EI} = \frac{2l^3}{3EI}$$

$$m_1 = m, \quad m_2 = 2m$$

(2) 振型方程

$$\begin{cases} \left(m_1 \delta_{11} - \dfrac{1}{\omega^2}\right) A_1 + m_2 \delta_{12} A_2 = 0 \\ m_1 \delta_{21} A_1 + \left(m_2 \delta_{22} - \dfrac{1}{\omega^2}\right) A_2 = 0 \end{cases}$$

将系数代入振型方程,有

$$\begin{cases} \left(\dfrac{2ml^3}{3EI} - \dfrac{1}{\omega^2}\right) A_1 - \dfrac{ml^3}{3EI} A_2 = 0 \\ -\dfrac{ml^3}{6EI} A_1 + \left(\dfrac{4ml^3}{3EI} - \dfrac{1}{\omega^2}\right) A_2 = 0 \end{cases}$$

用 $\dfrac{6EI}{ml^3}$ 乘以上式各项，令 $\dfrac{6EI}{ml^3} \cdot \dfrac{1}{\omega^2} = \lambda$，得到简化后的振型方程

$$\begin{cases}(4-\lambda)A_1 - 2A_2 = 0 \\ -A_1 + (8-\lambda)A_2 = 0\end{cases}$$

(3) 频率方程

令简化后振型方程的系数行列式等于零，得到频率方程

$$\begin{vmatrix} (4-\lambda) & -2 \\ -1 & (8-\lambda) \end{vmatrix} = 0$$

展开行列式，得到

$$\lambda^2 - 12\lambda + 30 = 0, \quad \lambda_1 = 8.4495, \quad \lambda_2 = 3.5505$$

$$\omega_1 = \sqrt{\dfrac{6EI}{ml^3} \cdot \dfrac{1}{\lambda_1}} = 0.8472\sqrt{\dfrac{EI}{ml^3}}, \quad \omega_2 = \sqrt{\dfrac{6EI}{ml^3} \cdot \dfrac{1}{\lambda_2}} = 1.3000\sqrt{\dfrac{EI}{ml^3}}$$

(4) 计算主振型

利用简化之后的振型方程计算主振型。

当 $\lambda = \lambda_1 = 8.4495$ 时，假设 $A_{11} = 1$，则

$$(4-\lambda_1)A_{11} - 2A_{21} = 0, \quad \dfrac{A_{21}}{A_{11}} = \dfrac{4-\lambda_1}{2} = -2.2248, \quad [A^{(1)}] = \begin{bmatrix} 1 \\ -2.2248 \end{bmatrix}$$

当 $\lambda = \lambda_2 = 3.5505$ 时，假设 $A_{12} = 1$，则

$$(4-\lambda_2)A_{12} - 2A_{22} = 0, \quad \dfrac{A_{22}}{A_{12}} = \dfrac{4-\lambda_2}{2} = 0.2248, \quad [A^{(2)}] = \begin{bmatrix} 1 \\ 0.2248 \end{bmatrix}$$

【例 8-18】 计算图 8.3-19(a)所示体系中的自振频率。m 为集中质量，各杆 $EI =$ 常数。（清华大学，2006 年）

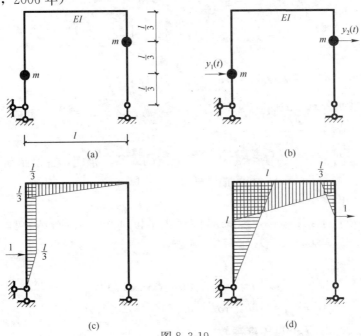

图 8.3-19

解析：这是两个自由度体系、取两质点水平位移为广义坐标[图 8.3-19(b)]，利用柔度法求解。

(1) 运动方程

$$\begin{cases} y_1(t) = -m_1\ddot{y}_1(t)\delta_{11} - m_2\ddot{y}_2(t)\delta_{12} \\ y_2(t) = -m_1\ddot{y}_1(t)\delta_{21} - m_2\ddot{y}_2(t)\delta_{22} \end{cases}$$

作 $\overline{M}_1$，$\overline{M}_2$ 图[图 8.3-19(c)、(d)]，计算柔度系数。

$$\delta_{11} = \frac{10l^3}{81EI}, \quad \delta_{22} = \frac{67l^3}{81EI}, \quad \delta_{12} = \delta_{21} = \frac{47l^3}{162EI}, \quad m_1 = m_2 = m$$

(2) 振型方程

$$\begin{cases} \left(m_1\delta_{11} - \dfrac{1}{\omega^2}\right)A_1 + m_2\delta_{12}A_2 = 0 \\ m_1\delta_{21}A_1 + \left(m_2\delta_{22} - \dfrac{1}{\omega^2}\right)A_2 = 0 \end{cases}$$

将系数代入振型方程，有

$$\begin{cases} \left(\dfrac{10ml^3}{81EI} - \dfrac{1}{\omega^2}\right)A_1 + \dfrac{47ml^3}{162EI}A_2 = 0 \\ \dfrac{47ml^3}{162EI}A_1 + \left(\dfrac{67ml^3}{81EI} - \dfrac{1}{\omega^2}\right)A_2 = 0 \end{cases}$$

用 $\dfrac{162EI}{ml^3}$ 乘以上式各项，令 $\dfrac{162EI}{ml^3} \cdot \dfrac{1}{\omega^2} = \lambda$，得到简化后的振型方程

$$\begin{cases} (20-\lambda)A_1 + 47A_2 = 0 \\ 47A_1 + (134-\lambda)A_2 = 0 \end{cases}$$

(3) 频率方程

令简化后振型方程的系数行列式等于零，得到频率方程

$$\begin{vmatrix} (20-\lambda) & 47 \\ 47 & (134-\lambda) \end{vmatrix} = 0$$

展开行列式，得到

$$\lambda^2 - 154\lambda + 471 = 0, \quad \lambda_1 = 131.1269, \quad \lambda_2 = 4.8731$$

$$\omega_1 = \sqrt{\frac{162EI}{ml^3} \cdot \frac{1}{\lambda_1}} = 1.0362\sqrt{\frac{EI}{ml^3}}, \quad \omega_2 = \sqrt{\frac{162EI}{ml^3} \cdot \frac{1}{\lambda_2}} = 7.2038\sqrt{\frac{EI}{ml^3}}$$

【**例 8-19**】 求图 8.3-20(a)所示结构 B 处质点的动位移幅值，并绘制动弯矩图。已知：$P = 5\text{kN}$，$\theta = 20\pi$，$m = 1000\text{kg}$，截面惯性矩 $I = 4 \times 10^3 \text{cm}^4$，弹性模量 $E = 2 \times 10^7 \text{N/cm}^2$。（同济大学，2000 年）

解析：这是两个自由度体系，取 D 处质点水平位移和 B 处质点竖向位移为广义坐标[图 8.3-20(b)、(c)]，采用柔度法求解。

(1) 振动方程

$$\begin{cases} y_1 + m_1\ddot{y}_1\delta_{11} + m_2\ddot{y}_2\delta_{12} = \Delta_{1P}\sin\theta t \\ y_2 + m_1\ddot{y}_1\delta_{21} + m_2\ddot{y}_2\delta_{21} = \Delta_{2P}\sin\theta t \end{cases}$$

作 $\overline{M}_1$，$\overline{M}_2$，M_P 图，计算柔度系数。

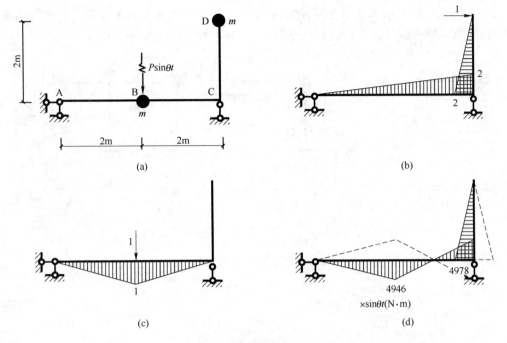

图 8.3-20

$$m_1=m_2=1000\text{kg}=m$$

$$\delta_{11}=\frac{8}{EI}=10^{-6}m(\text{N}),\quad \delta_{22}=\frac{4}{3EI}=\frac{10^{-6}}{6}m(\text{N}),\quad \delta_{12}=\delta_{21}=-\frac{2}{EI}=-\frac{10^{-6}}{4}m(\text{N})$$

$$\Delta_{1P}=-\frac{2P}{EI}=-\frac{10^{-2}}{8}m,\quad \Delta_{2P}=\frac{4P}{3EI}=\frac{10^{-2}}{12}m$$

(2) 先计算惯性力幅值，再计算动位移幅值

$$\begin{cases}\left(\delta_{11}-\dfrac{1}{m_1\theta^2}\right)F_{I1}+\delta_{12}F_{I2}+\Delta_{1P}=0\\ \delta_{21}F_{I1}+\left(\delta_{22}-\dfrac{1}{m_2\theta^2}\right)F_{I2}+\Delta_{2P}=0\end{cases}$$

将系数代入惯性力幅值方程，解得

$$F_{I1}=2489\text{N},\quad F_{I2}=2435\text{N}$$

计算质点 B 处的动位移幅值

$$F_{I2}=m\theta^2 A_2=2435\text{N}$$

则

$$A_2=\frac{F_{I2}}{m\theta^2}=\frac{2435\text{N}}{1000\text{kg}\times(20\pi)^2}=616.8\times10^{-6}\text{m}=0.6168\text{mm}$$

(3) 将各质点惯性力幅值与动荷载幅值一起作用于结构，则动弯矩图如图 8.3-20(d) 所示。

$$M_D=\overline{M}_1F_{I1}+\overline{M}_2F_{I2}+M_P$$

【例 8-20】 已知图 8.3-21(a)所示体系的自振频率 $\omega_a=4\sqrt{\dfrac{3EI}{7ml^3}}$，试根据 ω_a 求出

图 8.3-21(b)、(c)所示体系的自振频率 ω_b 和 ω_c。设其中质量如各图所示,杆件的质量忽略不计,图(c)体系需计入链杆的轴向变形。(同济大学,2003 年)

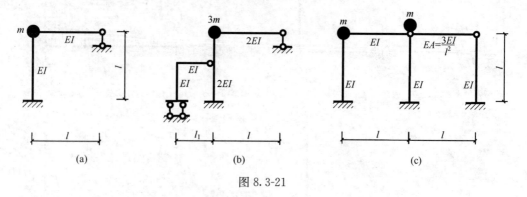

图 8.3-21

解析:(1)计算图(b)所示体系的自振频率 ω_b

$$\frac{\omega_a}{\omega_b}=\sqrt{\frac{k_a}{m_a}} \cdot \sqrt{\frac{m_b}{k_b}}=\sqrt{\frac{k_a}{k_b} \cdot \frac{m_b}{m_a}}=\sqrt{\frac{1}{2} \times 3}=\sqrt{\frac{3}{2}}$$

$$\omega_b=\sqrt{\frac{2}{3}}\omega_a=\sqrt{\frac{2}{3}} \times 4\sqrt{\frac{3EI}{7ml^3}}=\sqrt{\frac{32EI}{7ml^3}}=2.1381\sqrt{\frac{EI}{ml^3}}$$

(2)计算图(c)所示体系的自振频率 ω_c

链杆与其右侧柱为串联关系,串联后的刚度为

$$k=\frac{1}{\delta}=\frac{1}{\delta_1+\delta_2}=\frac{1}{\frac{l}{EA}+\frac{l^3}{3EI}}=\frac{3EI}{2l^3}$$

另外,图(a)所示体系的刚度为

$$k_a=m\omega_a^2=m \cdot \frac{48EI}{7ml^3}=\frac{48EI}{7l^3}$$

图(c)所示体系的刚度为

$$k_c=k_a+k_{MC}+k=\frac{48EI}{7l^3}+\frac{3EI}{l^3}+\frac{3EI}{2l^3}=\frac{159EI}{14l^3}$$

其中,k_{MC} 为图(c)所示体系中中柱的刚度。

所以

$$\omega_c=\sqrt{\frac{k_c}{m_c}}=\sqrt{\frac{159EI}{14l^3} \cdot \frac{1}{2m}}=2.3830\sqrt{\frac{EI}{ml^3}}$$

模拟试卷(一)

【题1】 (25分)作图示结构受弯杆件的弯矩图和剪力图,并求指定杆a和b的轴力。

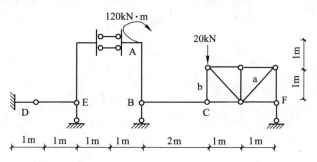

【题2】 (25分)图示结构,水平受弯杆件的抗弯刚度为无穷大,其他受弯杆件的抗弯刚度为EI,链杆抗拉/压刚度为EA。已知弹簧的刚度为k,D支座发生向左移动Δ,试求图示荷载及支座移动共同作用下C处发生的竖向位移。

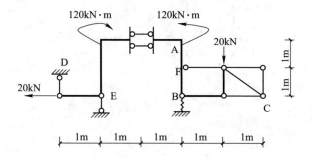

【题 3】 (30 分)计算图示结构 A 点的水平位移。各杆件 $EI=$ 常数。$F=76$kN。

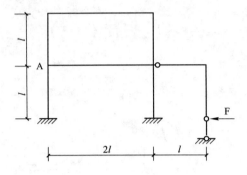

【题 4】 (25 分)计算图示结构并作弯矩图，除 AB 杆件外，其余杆件 $EI=$ 常数。$F=38$kN。

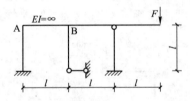

【题5】 (20分)荷载 $F=1$ 由 A 移动到 D，作 B 支座反力 F_{By}、C 截面弯矩 M_C 的影响线。

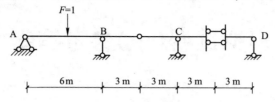

【题6】 (25分)图(a)所示跨度为 L 的梁，抗弯刚度为 EI，在均布荷载作用下梁跨中 C 处的竖向位移为 $\dfrac{qL^4}{384EI}$。为将梁跨中竖向位移减小到原来的一半，对梁中部长度为 l 的区域给予增强，如图(b)所示。若将增强部分梁的抗弯刚度近似为无穷大，试确定增强部分长度 l 与原梁长 L 的关系。

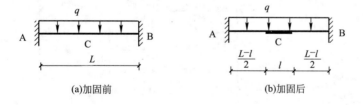

(a)加固前   (b)加固后

模拟试卷(一)参考答案

【题1】 参考答案

$N_a = 20 \text{kN}$，$N_b = -20 \text{kN}$。

【题2】 参考答案

相关内力图如下：

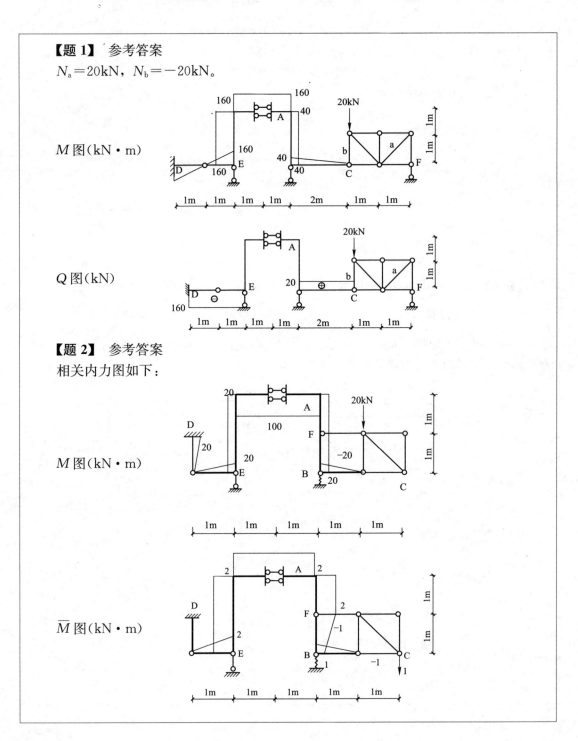

$$\Delta_C = \frac{1}{EI}\left[1 \times 2 \times 20 \times \frac{3}{2} \times 20 + 20 \times 2 \times 2\right] + \frac{20}{EA} + \frac{20}{k} = \frac{150}{EI} + \frac{20}{EI} + \frac{20}{k}$$

【题3】 参考答案

利用对称性可做如下解化：

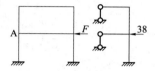

基本结构及内力图如下：

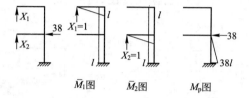

进而可据如下 M 图求得位移：

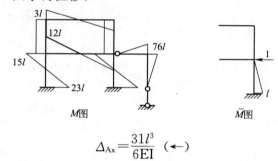

$$\Delta_{Ax} = \frac{31l^3}{6EI} \quad (\leftarrow)$$

【题4】 参考答案

基本结构及相关弯矩图为：

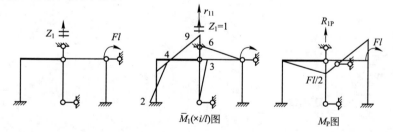

最终弯矩图为：

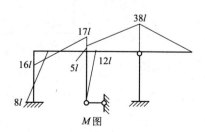

【题 5】 参考答案

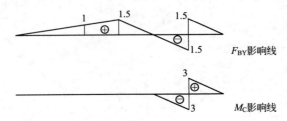

F_{BY} 影响线

M_C 影响线

【题 6】 参考答案

对加固梁取半分析，进而取分析模型如图(c)所示：

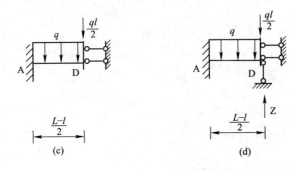

采用位移法计算图(c)中 D 处竖向位移，取基本体系如图(d)所示。

基本方程为：$rZ + R_P = 0$。

$$r = \frac{12EI}{\left(\frac{L-l}{2}\right)^3}, \quad R_P = \frac{(L-l)q}{4} + \frac{ql}{2}, \quad Z = -\frac{1}{12EI} \times \left(\frac{L-l}{2}\right)^3 \times \frac{L+l}{4} q$$

最终得：$2(L-l)^3(L+l) = L^4$

模拟试卷(二)

【题1】 (25分)作图示结构受弯杆件的弯矩图和剪力图,并求指定杆 a 和 b 的轴力。

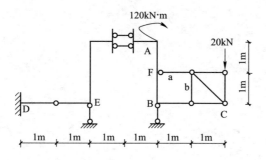

【题2】 (25分)图示结构,竖向受弯杆件的抗弯刚度为无穷大,其他受弯杆件的抗弯刚度为 EI,链杆抗拉/压刚度为 EA。已知弹簧的刚度为 k,D 支座水平向右移动 Δ,试求图示荷载及支座移动共同作用下 C 处发生的竖向位移。

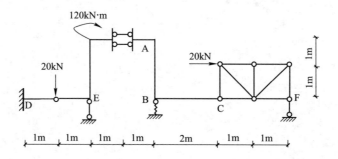

【题 3】 (30 分)计算图示结构 A 点的水平位移。各杆件 $EI=$ 常数。$q=16\text{kN/m}$。

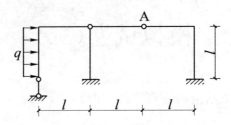

【题 4】 (25 分)计算图示结构并作弯矩图，AB 杆件 $EI=\infty$，其余杆件 $EI=$ 常数。$F=10\text{kN}$。

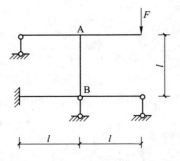

【题 5】 (20 分)荷载 $F=1$ 由 A 移动到 D，作 B 截面弯矩 M_B、B 支座反力 F_{By} 的影响线。

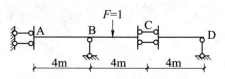

【题 6】 (25 分)图(a)所示跨度为 L 的梁，抗弯刚度为 EI，在跨中集中荷载 P 作用下梁跨中 C 处的竖向位移为 $\dfrac{PL^3}{48EI}$。为将梁跨中竖向位移减小到原来的 1/8，对梁中部长度为 l 的区域给予增强，如图(b)所示。若将增强部分梁的抗弯刚度近似为无穷大，试确定增强部分的长度 l。

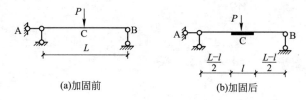

(a)加固前　　　　　　(b)加固后

模拟试卷(二)参考答案

【题1】 参考答案

$N_a = 20 \text{kN}$,$N_b = -20 \text{kN}$。

【题2】 参考答案

相关内力图如下：

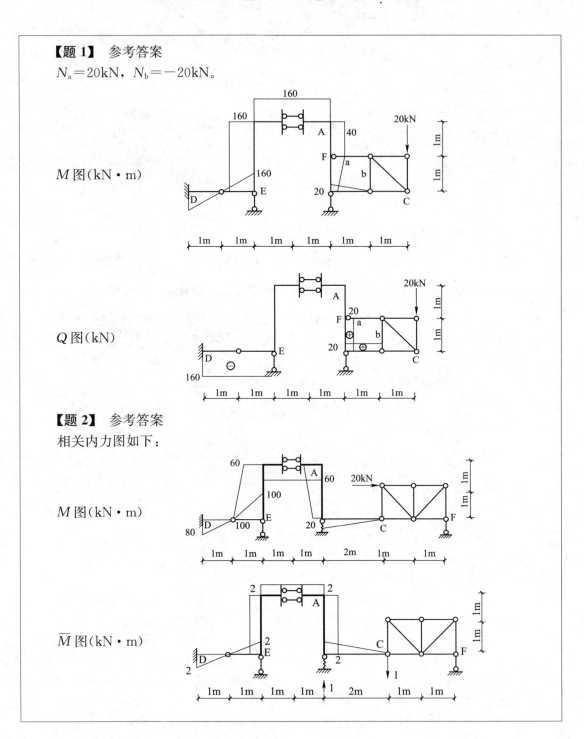

$$\Delta_C = \frac{1}{EI}\left[-\frac{1}{2}\times 2\times 20\times \frac{2}{3}\times 2 - 2\times 60\times 2 + \frac{1}{2}\times 1\times 100\times \frac{2}{3}\times 2 + \frac{1}{2}\times 1\times 80\times \frac{2}{3}\times 2\right] - \frac{10}{k}$$
$$= -\frac{440}{3EI} - \frac{10}{k}$$

【题 3】 参考答案

图形简化如下：

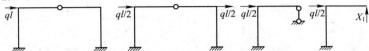

结构的最终 M 图及求 A 点水平位移所需单位荷载 $\overline{M}$ 图如下：

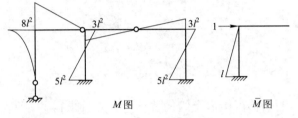

可求得 A 点水平位移为：

$$\Delta_{Ax} = \frac{2l^4}{3EI}\ (\rightarrow)$$

【题 4】 参考答案

基本结构及相关弯矩图为：

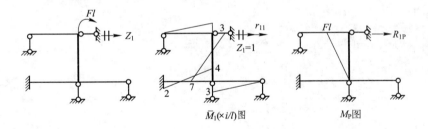

最终弯矩图为：

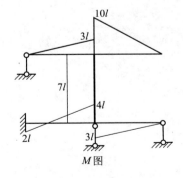

【题 5】 参考答案

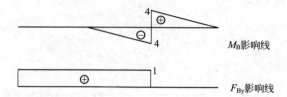

【题 6】 参考答案

对加固梁取半分析，进而取分析模型如图(c)所示：

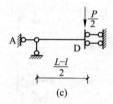

图(c)中 D 处竖向位移可由静定结构位移计算直接求得，如下：
荷载弯矩图为：

单位荷载弯矩图为：

利用图乘法可得 D 处竖向位移为：$\dfrac{P(L-l)^3}{48EI}$

最终得：$l=L/2$

参 考 文 献

[1] 龙驭球,包世华. 结构力学Ⅰ——基本教程(第 2 版). 北京:高等教育出版社,2006
[2] 龙驭球,包世华. 结构力学Ⅱ——专题教程(第 2 版). 北京:高等教育出版社,2006
[3] 李廉锟. 结构力学(上册)(第 4 版). 北京:高等教育出版社,2004
[4] 王焕定,章梓茂,景瑞. 结构力学(Ⅰ). 北京:高等教育出版社,2000
[5] 徐新济,李恒增. 结构力学——学习方法及解题指导. 上海:同济大学出版社,2002
[6] 祁凯. 结构力学——学习辅导与解题指南. 北京:清华大学出版社,2007
[7] 雷钟和,龙志飞. 结构力学——学习指导. 北京:高等教育出版社,2005
[8] 雷钟和,江爱川,郝静明. 结构力学解疑(第 2 版). 北京:清华大学出版社,2008
[9] 单健. 趣味结构力学. 北京:高等教育出版社,2008
[10] 朱慈勉. 结构力学(上册). 北京:高等教育出版社,2004